西北菌草栽培双孢蘑菇
理论与实践

黄国勇 编著

黄河出版传媒集团
宁夏人民出版社

图书在版编目(CIP)数据

西北菌草栽培双孢蘑菇理论与实践 / 黄国勇编著. —银川：
宁夏人民出版社，2011.6

ISBN 978-7-227-04780-3

Ⅰ.①西… Ⅱ.①黄… Ⅲ.①蘑菇—蔬菜园艺 Ⅳ.①S646.1

中国版本图书馆 CIP 数据核字（2011）第 137874 号

西北菌草栽培双孢蘑菇理论与实践　　　　　　　　　黄国勇　编著

责任编辑　杨旭东　陈　晶
封面设计　齐玉成
责任印制　李宗妮

黄河出版传媒集团
宁夏人民出版社　出版发行

地　　址　银川市北京东路 139 号出版大厦(750001)
网　　址　http://www.yrpubm.com
网上书店　http://www.hh-book.com
电子信箱　renminshe@yrpubm.com
邮购电话　0951-5044614
经　　销　全国新华书店
印刷装订　宁夏捷诚彩色印务有限公司

开本　880mm×1230mm　1/32　　印张　7.5　　字数　200 千
印刷委托书号(宁)0008306　　　　印数　1500 册
版次　2011 年 6 月第 1 版　　　　印次　2011 年 6 月第 1 次印刷
书号　ISBN 978-7-227-04780-3/S·307

定价　25.00 元

谨以此书献给

闽宁互学互助对口协作第十五次联席会议

菌草产业富农民
闽宁合作结硕果

马瑞文书

宁夏回族自治区人大常委会副主任马瑞文题词

本书作者长期在中国西北地区从事菌草技术试验示范和推广工作，积累了丰富的栽培蘑菇的技术经验。本书的出版对中国西北地区利用菌草栽培蘑菇具有积极的参考价值及意义。

国际草菌生物技术
服务中心主任

张树庭

2011年6月7日于北京

英國官佐勳銜（OBE）
世界生產科學院院士
世界文學及科學院院士
國際生物技術學院院士
國際草菌生物技術服務中心主任
香港中文大學生物系榮休講座教授
世界草菌生物學及其產品學會副主席

①宁夏沙地上栽培的象草、巨菌草
②宁夏荒漠上栽培的象草、巨菌草

①宁夏栽培的象草、 ②拟高粱草
　巨菌草及再生苗

③紫花苜蓿 ④苏丹草

①建菇房用的水泥柱	②菇床架
③菇房内走道	④宁夏菇房

①②③④宁夏菇房

西北菌草栽培双孢蘑菇理论

XIBEI JUN ZAOPEI SHUANGBAO MOGU LILUN YU SHIJIAN

与实践

①新疆菇房　②新疆菇房

③青海菇房　④青海菇房

①建堆	②翻堆
③堆肥前发酵	④堆肥前发酵

① 堆肥二次发酵后状态　② 播种后的发菌管理

③ 菌丝在堆肥中的生长状态

① 菌丝穿透 ② 播种后的
　菇床底部 　发菌管理

③ 覆土处理 ④ 菌丝冒土

①宁夏双孢蘑菇生长状态

②宁夏菇农 ③宁夏双孢蘑
采菇 菇生长状态

①高产的双孢蘑菇生长状态

②高产双孢蘑
菇生长状态 ③疣孢霉病

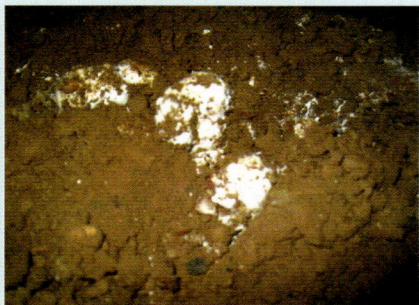

序

    1997 年,闽宁对口扶贫协作第二次联席会议确定,将福建农林大学的菌草技术列为帮扶宁夏的产业项目。从 1998 年起至今,福建农林大学菌草技术扶贫工作队先后组织了 180 多人次到宁夏从事菌草技术扶贫工作。经过十几年的发展,菌草技术推广到了原州、隆德、彭阳、盐池、永宁等 15 个县(区),发展菇农 2 万多户,菇农年均菌草收入 6000 多元,最高收入 10 万元,带动了一大批农民脱贫致富。 菌草生产已成为宁夏贫困地区设施农业的特色产业,为贫困农民增收发挥了积极作用,取得了显著的社会、经济、生态效益。由福建农林大学菌草研究所和宁夏回族自治区扶贫办共同主持的"宁夏发展菌草产业关键技术的研究和应用"课题,获得 2008 年度宁夏回族自治区政府科技进步二等奖。

    本书作者为福建农林大学菌草研究所高级农艺师、福建农林大学菌草技术扶贫工作队队长。从 2000 年开始,他一直常年坚持在宁夏贫困地区开展菌草技术的培训、试验、示范、推广和指导工作,在推广菌草技术、培养菌草技术力量和技术本土化方面做了大量的工作,积累了丰富的经验,为宁夏菌草产业发展发挥了重要作用，多次受到福建省和宁夏回族自治区有关方面的表彰。

《西北菌草栽培双孢蘑菇理论与实践》这本书，总结了作者十年来在宁夏等西北地区推广菌草栽培蘑菇的技术和经验，简明扼要地介绍了西北地区的地理气候资源条件、双孢蘑菇栽培理论、西北地区菌草栽培双孢蘑菇管理技术、西北地区双孢蘑菇生态型循环生产、西北地区无公害双孢蘑菇栽培技术等方面的内容。本书内容系统，针对性强，通俗易懂，科学实用，能对宁夏等西北地区菌草生产技术人员和菇农提供有益的帮助。

宁夏回族自治区扶贫办党组书记、主任

杜正彬

2011 年 4 月 20 日

目 录

第一章　概　述

第一节　双孢蘑菇栽培简史

据历史记载和有关资料报道，双孢蘑菇的人工栽培起源于法国。1650 年，巴黎郊区瓜农的偶然发现，发明了双孢蘑菇的栽培方法。他们发现蘑菇生长在甜瓜地的堆肥上，如果用漂洗过蘑菇的水来喷洒甜瓜地的堆肥，蘑菇会生长得更好。他们发现了这种现象，但不了解其中的道理，只是按经验来进行蘑菇原始的人工栽培，将漂洗过成熟蘑菇的水浇在驴或骡的厩肥堆上，使堆肥上长出蘑菇。

1707 年，有一位叫 D·托尼费特的法国植物学家进一步发现了在厩肥上长出蘑菇的原因，并记述了蘑菇人工栽培的方法。他认为蘑菇孢子存在于自然界的厩肥中，孢子萌发长出绒毛状菌丝，他用长有白色霉状物的马粪在半发酵的厩肥上栽种，并覆上一层土，结果长出了蘑菇，由此他被称为"蘑菇栽培之父"。此后，他在巴黎近郊开始建菇床来生产蘑菇。

1754 年，瑞典人兰德伯格发明了利用房屋建筑物栽培蘑菇的方法。

1780 年，法国人强布赖发现地下隧道和地洞很适合栽培蘑菇，于是人们竞相利用巴黎周围废弃的地洞来栽培蘑菇。人工栽培蘑菇的方法由法国传播到全世界。1831 年，卡洛提出建造"床架式菇房"，进行集约化栽培蘑菇。1865 年，蘑菇人工栽培技术经英国人传入美国，在美国进行了第一次小规模栽培。1870 年，美国已把蘑菇栽培发展为蘑菇工业。1910 年，以木结构为主的第一座典型的标准菇房在美国建成并投入生产。

1894 年，康斯坦丁等首次分离和生产出了蘑菇纯菌种。1948 年前后，法国培育出了索米塞尔蘑菇菌株。1950 年，美国培育出了奶白、棕、白等色蘑菇菌株；1954 年，用紫外线诱变育出一个新菌株；1991 年，首先利用纯白色蘑菇品系和米色蘑菇品系进行杂交，育出新品系，并在全世界广泛使用。

20 世纪 60 年代，奥地利的鲁德威尔用塑料袋栽培蘑菇。

20 世纪 70 年代后，荷兰、美国、意大利等国家开始工厂化、机械化、自动化大规模生产蘑菇，单产达到 27 kg/m²。蘑菇的工厂化生产具有高产、稳产、周期短的优势，但投资较大。

双孢蘑菇是目前全世界栽培最广、消费人群最多、销售量最大的食用菌，是目前世界各国几乎所有人都能接受的食用菌，在香菇、金针菇、平菇未进入欧美市场前，欧美市场上销售的绝大部分食用菌是双孢蘑菇。

第二节　世界双孢蘑菇栽培简况

据有关资料报道，世界蘑菇鲜菇年生产量在 2×10^6 t 以上,但对世界上某个国家或地区的准确产量很难估计,主要集中在亚洲、北美洲、欧洲三大产区。中国、美国、法国、荷兰、英国、意大利是世界蘑菇的主产国,产量占世界蘑菇总产量的70%以上。

自法国人发明蘑菇人工栽培方法以后,世界各国蘑菇栽培经历了旧法栽培和新法栽培两个阶段。所谓旧法栽培,就是在厩肥中加入一些辅料进行简单的堆制发酵,播种后在野外或室内进行栽培,这种方法堆肥质量差、病虫害多、栽培周期长。新法栽培,就是利用二次发酵的技术,大大提高了堆肥质量,减少了病虫害,产量高。目前,世界蘑菇栽培技术和过去相比已经非常先进,除了不发达国家利用自然条件发展蘑菇生产外,欧洲及北美洲发达国家蘑菇的栽培大都采用工厂化、机械化、智能化的设施栽培,大的蘑菇栽培场的栽培面积都在几万平方米以上,实行周年栽培(全年最多可生产6个周期),年产量都在万吨以上。如美国的康乃狄克州的一个菇场,根据王泽生先生1991年去考察后报告,栽培总面积为33400 m^2,年产鲜菇12300 t。欧洲的荷兰、法国、英国、意大利等也是世界上蘑菇栽培技术先进的国家,栽培面积和产量都是集中在一些生产手段先进、单产高的菇场,如荷兰在1977年全国菇场就已达800多个,年蘑菇总产量达到45000 t,直至目前仍是欧洲生产蘑菇的主要国家。东欧的一些国家栽培面积也不小,但菇场比较小,如保加利亚和波兰蘑菇栽培场都有1000个以上。我国的台湾,曾经是世界蘑菇生产的主要产区,1973年蘑菇产量就名列世界生产蘑菇国家和地区的第三位,拥有菇场3万多个,后来由于经济发展和工业化进程,现在已少有人栽培蘑菇,蘑菇生产逐渐向中国大陆和其他发展中国家转移。目前德国、法国、美国是人均消费蘑菇最多的国家。

第三节　我国双孢蘑菇栽培简况

据资料记载和报道,中国蘑菇栽培历史较短,最早是由私立金陵大学农学院(南京农业大学前身)园艺系创始人胡昌炽于 1924 年从日本引进栽培,并发表了论文。确切的资料记载,上海在 1932 年从国外引进栽培,1935 年前后在上海市、福建省闽侯县、浙江省杭州市等地进行少量栽培。1949 年以前,栽培面积很小,单产也很低。1956 年,陈梅朋掌握了蘑菇制种技术,并进行了推广,1957 年,在上海郊区利用床栽, 面积达到了 34900 m², 平均单产为 4.5 kg/m²。1959 年上海郊区蘑菇栽培面积达到了 64400 m²,1965 年福建省,1969 年浙江、四川等省相继开始蘑菇的商业化栽培。20 世纪 70 年代以后,江苏、四川、安徽、广东、广西等省(区)先后发展蘑菇生产,现已推广到我国 20 多个省(市、自治区),1985 年我国蘑菇总产量达 19 万吨, 仅次于美国,位居世界第二。1995 年中国蘑菇总产量 35 万吨,1998 年达 42.6 万吨,目前我国蘑菇栽培主要集中在福建、浙江、江苏、四川、河南、广东、广西、安徽、山东、河北等省(区),福建省蘑菇的生产和出口量居全国首位。

目前世界各地蘑菇栽培的主要方式有箱栽、床栽、袋栽等,我国主要采用床栽方式。根据生产季节、气温、栽培设施的不同又分为几类栽培模式。

秋、冬、春季砖木结构的栽培房,墙体以砖为主,菇床四层以上,此法土地利用率较高,使用年限长。主要在福建及其他南方省份使用。

冬、春季露天畦栽,主要于水稻收割后在田里整畦栽培,播种后即覆土,上盖一层稻草,投资小、管理方便,但产量较不稳定。

秋、冬、春季塑料简易大棚栽培,实行稻菇轮作,利用水稻收割后在田间搭盖菇房栽培,蘑菇栽培结束后拆除菇房栽水稻等作物。此法投资小、病虫害少,产量较高,但每年都要搭盖菇房,增加了劳力投入。

夏、秋季节"干打垒"菇房栽培,最近几年宁夏等地菇房采用打土墙,上盖薄膜和草帘的方式建设,投资小,适合我国西部各地夏、秋季栽培出菇。

冬季日光温棚栽培,类似冬季蔬菜日光温棚的原理,利用太阳光提高菇房内的温度,在室外-20℃气温条件下,蘑菇仍能正常生长,适合在北方寒冷地区使用。

近年来,我国也有一些省份从国外引进蘑菇工厂化栽培的全套设备或模仿国外工厂化栽培模式,进行工厂化栽培。

我国蘑菇生产的发展,技术的进步,产量的提高,有几件重要的事是不能忘记的,1978年以前,我国蘑菇的单产和当时欧美国家蘑菇单产差距大,平均单产只有约4.5 kg/m²。1978年,当时香港中文大学的张树庭教授,受中国轻工业部邀请来内地讲学,具体、详细地传授了国外蘑菇堆肥二次发酵技术,1979年他又从法国帮助引进了一个高产蘑菇菌株——176,堆肥二次发酵技术和176菌株的推广,使我国蘑菇平均单产提高了40%。为培育出蘑菇高产、稳产、优质的杂交菌株,1987 年,福建轻工所的王贤樵和王泽生,提出应用同工酶电泳法预测双孢蘑菇菌株的特性,1990 年王泽生等提出双孢蘑菇杂种子一代与子二代遗传变异的酯酶同工酶模式,指导育成了蘑菇杂交菌株——AS2796 系列,在全国推广,这个菌株系列高产、稳产、优质,直至目前这个系列还是全国蘑菇生产的当家菌株。AS2796 系列的育成,为我国蘑菇生产的发展作出了很大贡献。

第四节　我国西北双孢蘑菇栽培简况

我国西北五省区引进双孢蘑菇栽培的历史较短,具体什么时间开始有双孢蘑菇栽培,很难找到记载资料。据笔者在宁夏和新疆了解, 最早于 20 世纪 90 年代由福建菇农引进双孢蘑菇菌种和技术在宁夏青铜峡市、新疆昌吉回族自治州米泉县进行人工栽培。

西北双孢蘑菇生产发展较快的时期, 是 2000 年以后,恰逢中央国务院指定福建负责对口帮扶宁夏和援助新疆昌吉回族自治州,福建省把福建的优势产业技术——菌草技术——作为帮扶宁夏和援助新疆昌吉回族自治州的技术项目, 由福建农林大学菌草研究所选派专家和技术人员长驻宁夏和新疆昌吉回族自治州, 帮助培训当地的菌草技术人员和菇农,指导当地菇农生产,把蘑菇生产作为当地农民脱贫致富的产业进行推广, 到 2005 年宁夏蘑菇栽培面积达到了 30 多万平方米,比 2000 年以前增长了近 10 倍;新疆昌吉回族自治州蘑菇栽培面积也比 2000 年以前增加了 1 倍以上。

西北双孢蘑菇生产的快速发展，还有一个很重要的原因是，福建农林大学菌草研究所利用西北一些地区海拔高，夏、秋季气候凉爽，适合蘑菇生长的地理气候条件，大力推广夏、秋季蘑菇栽培，利用这时我国其他主要蘑菇产区在自然条件下不能进行蘑菇生产，市场上缺乏蘑菇鲜菇的情况，把蘑菇鲜菇保鲜空运到北京、上海、广州等城市，开拓了西北蘑菇的销售市场。宁夏蘑菇生产和销售模式的成功，带动了周边甘肃、青海等省夏、秋季蘑菇的生产目前这一蘑菇生产和销售模式已成为西北蘑菇生产销售的主要模式。

新疆昌吉回族自治州的蘑菇生产在栽培模式和季节上有其独特性。由于新疆离内地蘑菇主要销售市场路途远，不利于把蘑菇鲜菇运到内地销售，蘑菇产品主要在疆内和周边市场销售，还有部分产品销售到中亚一些国家。另外新疆冬天冷，大部分地区冬天日照强度比宁夏和甘肃低，建日光温棚种菜较难，冬天大部分蔬菜要从甘肃和宁夏输入，菜价高，冬天蘑菇价格也高，所以新疆很大部分的蘑菇生产都安排到冬天，建比较保温的栽培棚，在菇房内建火墙，用煤加温生产。

目前，我国西北各省区都有双孢蘑菇生产，在自然条件下的生产都以夏、秋季生产为主，但生产设施条件、栽培管理技术、单产等，和我国其他蘑菇主产区相比，还有较大差距。

第五节　双孢蘑菇的营养和保健价值

双孢蘑菇被喻为 21 世纪的食品，在食用菌中是营养和保健功能都很高的菌类,味道鲜美、高蛋白、低脂肪、氨基酸和维生素丰富,蘑菇的营养成分组成见表 1-1、表 1-2。

表 1-1 双孢蘑菇与其他几种食用菌营养比较表

成分 / 种类	水分 (ml)	蛋白质 (g)	脂肪 (g)	碳水化合物(g)	热量 (J)	粗纤维 (g)
双孢蘑菇	9.0	36.1	3.6	31.2	1264	6.0
口蘑	16.8	35.6	1.4	23.1	1033	6.9
香菇	18.5	13.0	1.8	54.0	1188	7.8
毛柄金钱菌	10.8	16.2	1.8	60.2	1340	7.4
侧耳(元蘑)	10.2	7.8	2.3	69.0	1372	5.6
铜色牛肝菌	20.7	23.2	…	49.9	1222	
鸡枞	22.9	28.8	…	42.7	1197	
银耳	10.4	5.0	0.6	78.3	1418	2.6
木耳	10.9	10.6	0.2	65.5	1280	7.0

成分 / 种类	灰分(g)	钙 (mg)	磷 (mg)	铁 (mg)	核黄素 (mg)	尼克酸 (mg)
双孢蘑菇	14.2	131	718	188.5	…	…
口蘑	16.2	100	1620	32.0	2.53	55.1
香菇	4.9	…	…	…	1.13	18.9
毛柄金钱菌	3.6	76	280	8.9	1.59	23.4
侧耳(元蘑)	5.1	21	220	3.2	7.09	6.7
铜色牛肝菌	6.2	11	520	…	4.22	…
鸡枞	5.6	23	750	…	1.20	64.2
银耳	3.1	380	…	…	0.14	1.5
木耳	5.8	357	201	185.0	0.55	2.7

注:表中的单位为 100 g 干品中的含量。摘自《食用菌生物学基础》(杨庆尧,上海科学技术出版社,1983)。

表 1-2 蘑菇与两种主要菇类氨基酸组成含量表
（每 100 g 蛋白质的克数）

氨基酸	双孢菇	香菇	平菇
必需氨基酸			
异亮氨酸	4.3	4.4	4.5
亮氨酸	7.2	7.0	7.6
赖氨酸	10.0	3.5	5.0
甲硫氨酸	微量	1.8	1.7
苯丙氨酸	4.4	5.3	4.2
苏氨酸	4.19	5.2	5.1
缬氨酸	5.3	5.2	5.9
酪氨酸	2.2	5.3	3.5
色氨酸	1.4		
总计	38.99	37.7	37.5
非必需氨基酸			
丙氨酸	9.6	6.1	8.0
精氨酸	5.5	7.0	6.0
天门冬氨酸	10.7	7.9	10.5
胱氨酸	微量	0.6	
谷氨酸	17.2	27.2	18.0
甘氨酸	5.1	4.4	5.2
组氨酸	2.2	1.8	1.8
脯氨酸	6.1	4.4	5.2
丝氨酸	5.2	5.2	5.4
总计	61.6	64.6	60.1

注：引自 *Bioscience* Vol, 30, No6, 1980, 张树庭。

以象草、巨菌草为主要原料栽培蘑菇,其粗蛋白和氨基酸的含量较高,见表 1-3、表 1-4。

表 1-3　几种菌草栽培的蘑菇与传统方法栽培的蘑菇营养成分对比表

栽培原料	菌株	水分	粗蛋白	粗脂肪	粗多糖	粗纤维	灰分
菌草栽培	AS2796	8.36	41.27	1.66	12.39	6.56	10.08
常规栽培	AS2796	8.73	32.29	1.79	13.07	8.03	10.35

由上表可知,菌草栽培蘑菇的粗蛋白明显比常规栽培的蘑菇高出 28%。

表 1-4　菌草栽培蘑菇与常规栽培蘑菇氨基酸比较表(%)

氨基酸	菌草栽培 AS2796	常规栽培 AS2796	氨基酸	菌草栽培 AS2796	常规栽培 AS2796
天门冬氨酸	2.44	1.96	异亮氨酸	0.97	0.84
苏氨酸	1.12	0.96	亮氨酸	1.49	1.30
丝氨酸	0.78	0.65	酪氨酸	0.43	0.36
谷氨酸	5.83	4.10	苯丙氨酸	0.97	0.85
甘氨酸	1.27	1.05	赖氨酸	1.11	0.96
丙氨酸	2.39	1.75	组氨酸	0.46	0.41
胱氨酸	0.17	0.15	精氨酸	1.32	0.85
缬氨酸	1.22	1.03	脯氨酸	1.21	0.56
甲硫氨酸	0.30	0.26	色氨酸	—	—
			总量	23.48	18.04

注:摘自《菌草无粪栽培蘑菇的初步研究》(福建农林大学菌草研究所,林辉,2004)。

在宁夏地区用菌草栽培的蘑菇样品宁 A、宁 B、宁 C、宁

D 和市售常规栽培蘑菇样品 S 进行一般营养成分的分析,结果见表 1–5。

表 1–5 宁夏地区菌草蘑菇与常规蘑菇一般营养成分表（g/100 g 干品）

样品	水分	粗蛋白	粗脂肪	粗多糖	粗纤维	粗灰分
宁 A	8.75	47.69	0.87	21.25	9.62	9.48
宁 B	9.11	50.21	1.14	17.26	8.53	8.61
宁 C	8.37	34.99	1.01	8.45	8.80	8.33
宁 D	7.79	46.46	1.27	15.71	10.75	9.18
S	8.73	32.29	1.79	13.07	8.03	10.35

表 1–5 表明:宁夏贫困地区用菌草栽培的蘑菇富含粗蛋白、粗多糖比常规蘑菇的粗蛋白、粗多糖含量高。其中粗蛋白的含量宁 A、宁 B、宁 C、宁 D 分别比 S 高 47.69%、55.50%、8.36%、43.88%;粗多糖含量宁 A、宁 B、宁 D 分别比 S 高出 62.59%、32.06%、20.20%,宁 C 粗多糖含量低于 S。菌草蘑菇其他营养成分也都高于或接近于常规栽培蘑菇。

氨基酸组成与含量的分析:

将样品用酸水解,用氨基酸自动分析仪测定其氨基酸组成与含量,结果见表 1–6。

结果表明,宁夏地区菌草栽培的蘑菇至少含有 17 种氨基酸。色氨酸未检测出可能在酸水解过程中被破坏。人体必需的 8 种氨基酸含量都占各自氨基酸总量的 1/3 以上。菌草栽培的蘑菇氨基酸总量明显高于常规栽培的蘑菇,宁 A、宁 B、宁 C、宁 D 分别比常规蘑菇 S 高 65.96%、67.02%、27.75%、70.69%,人体必需氨基酸总量分别高 62.65%、60.37%、31.86%、58.84%。

表1-6　宁夏地区菌草栽培的蘑菇与常规蘑菇氨基酸组成与含量表(%)

氨基酸	宁A	宁B	宁C	宁D	S	氨基酸	宁A	宁B	宁C	宁D	S
天门冬氨酸	2.87	2.82	2.17	2.82	1.96	亮氨酸	2.13	2.13	1.75	2.10	1.30
苏氨酸	1.28	1.29	1.18	1.23	0.96	酪氨酸	0.68	0.64	0.48	0.69	0.36
丝氨酸	0.94	0.88	0.78	0.90	0.65	苯丙氨酸	1.31	1.31	1.08	1.26	0.85
谷氨酸	8.19	8.28	5.81	9.38	4.10	赖氨酸	1.86	1.74	1.27	1.81	0.96
甘氨酸	1.57	1.50	1.27	1.54	1.05	组氨酸	0.67	0.58	0.44	0.66	0.41
丙氨酸	2.11	2.74	1.99	2.13	1.75	精氨酸	1.76	1.44	1.09	1.68	0.85
胱氨酸	0.17	0.15	0.10	0.18	0.15	脯氨酸	0.89	1.12	0.67	0.98	0.56
缬氨酸	1.68	1.75	1.50	1.66	1.03	色氨酸	—	—	—	—	—
甲硫(蛋)氨酸	0.40	0.34	0.31	0.37	0.26	氨基酸总量	29.84	30.03	22.97	30.69	17.98
异亮氨酸	1.33	1.32	1.08	1.30	0.84	必需氨基酸总量	10.67	10.52	8.65	10.42	6.56

　　由表 1-6 可知，菌草栽培的蘑菇至少含有 17 种氨基酸。菌草栽培的蘑菇氨基酸总量平均为 28.38%，比常规栽培蘑菇的氨基酸总量高 8.4 个百分点，其中人体所必需的 8 种氨基酸的含量也比常规栽培的蘑菇高。

　　蘑菇是高蛋白低热量的食物。蘑菇所含的蛋白质几乎高于所有的蔬菜，与牛奶所含的蛋白质相似。而脂肪含量很低，是牛奶脂肪含量的十几分之一，且其所含的脂肪多为不饱和脂肪酸，占脂肪酸含量的 80.5%。

　　蘑菇多糖具有提高人体免疫功能等作用。

　　蘑菇的氨基酸含量丰富，具有保健功效，目前国内市场上销售的"健肝片""百宝多糖片"就是用双孢蘑菇的浸出液浓缩而成的，对于肝病、白细胞和血小板减少症、消化功能障碍等有较好的辅助疗效。

第二章　我国西北的地理气候概况

第一节　西北地区地理概况

我国西北地区按地理学上的划分,位于大兴安岭以西,昆仑山、阿尔金山、祁连山以北。经纬度范围在:东经73°~123°,北纬37°~50°。大致包括内蒙古中西部、新疆大部、宁夏北部、甘肃中西部以及和这些地方接壤的山西、陕西、河北、辽宁、吉林等地的边缘地带。

1949~1953年国家设立的六大行政区之一的西北行政区,其行政区划下的西北地区常被称为西北五省区,包括陕西省(陕、秦)、甘肃省(甘、陇)、青海省(青)、宁夏回族自治区(宁)和新疆维吾尔自治区(新)。实际上,内蒙古自治区并不是行政概念涉及的西北地区,一直沿用至今。

西北地区地形以高原、盆地为主,多大沙漠和戈壁。境内有内蒙古高原、鄂尔多斯高原、河套平原、河西走廊、准噶尔盆地、塔里木盆地、吐鲁番盆地、柴达木盆地、昆仑山、阿尔泰山、天山、贺兰山、阿尔金山、塔里木河、塔克拉玛干沙漠、腾格里沙漠、古尔班通古特沙漠、库姆达格沙漠、柴达木沙漠、巴丹吉林沙漠、乌兰布和沙漠、库布齐沙漠。

西北地区地面植被由东向西为草原、荒漠，地面植被稀少。

西北地区年降水量从东部的 400 mm 左右，往西减少到 200 mm，甚至 50 mm 以下，蒸发量远远大于降水量，主要自然气候特征为半干旱、干旱气候，非常干燥。

第二节　西北地区气候概况

我国西北地区主要气候类型是温带大陆性气候，在青海、新疆、甘肃等靠近青藏高原的地区气候属于高原气候，其共同特点是气候干旱，降水稀少，冬冷夏热，年温差和日温差均很大。

我国西北地区年降水量分布趋势是从东南到西北由多到少，西北地区降水受地理位置、地形分布和天气系统等因素影响，降水存在东西和南北相反的差异，陕、甘、青南部降水量为 500~1000 mm，雨水资源丰富；陕西中北部、宁夏大部、甘肃中部、青海中东部年平均降水量为 100~500 mm；甘肃西北部、青海西北部、新疆中南部年平均降水量不足 100 mm；柴达木盆地、吐鲁番盆地、塔克拉玛干沙漠等地降水量在 20 mm 以下。

我国西北地区蒸发量非常大，这些省区南部的年蒸发量在 1000~1500 mm 之间；甘肃的祁连山地区、新疆的天山和阿勒泰山地区等地年蒸发量在 1000 mm 以下；西北五省区的其他地区的年蒸发量在 1500~3000 mm 之间；而柴达木盆地、准噶尔盆地、塔里木盆地、吐鲁番盆地的年蒸发量在

3000~4000 mm 之间。所以我国西北地区气候非常干燥,沙尘暴时常发生。

我国西北地区地域辽阔,地形复杂,有草原、高原、沙漠、盆地、平原,气温受地形影响大,气温分布从东南到西北逐渐降低,年平均气温在 0℃~18℃之间,在高海拔地区夏季凉爽;吐鲁番地区夏季温度为全国最高,冬季寒冷,新疆北部的阿勒泰地区 1 月份平均气温在-20℃以下。

一、宁夏气候概况

宁夏深居西北内陆高原,属典型的大陆性干旱、半干旱气候,雨季多集中在 6~9 月,具有冬寒长,夏暑短,雨雪稀少,气候干燥,风大沙多,南寒北暖等特点。由于位于中国季风区的西缘,夏季受东南季风影响小,时间短,降水少,7 月最热,平均气温 24℃;冬季受西北季风影响大,时间长,气温变化起伏大,1 月最冷,平均气温-9℃,极端低温在-22℃以下。全区年降水量在 150~600 mm 之间,南部六盘山区阴湿多雨,气温低,无霜期短。北部日照充足,蒸发强烈,昼夜温差大,全年日照达 3000 小时,无霜期 150 天左右,是中国日照和太阳辐射最充足的地区之一。宁夏四季分明,春天暖的快,秋天凉的早。5~9 月间,宁夏气候宜人,由于宁夏平均海拔在 1000 m 以上,所以夏季基本没有酷暑。

气温日差大,日照时间长,太阳辐射强,大部分地区昼夜温差一般可达 12℃~15℃。

二、新疆气候概况

新疆深居内陆,远离海洋,高山环列,湿润的海洋气流难以进入,形成了极端干燥的大陆性气候。新疆气候具有晴天多,日照强,少雨,干燥,冬寒夏热,昼夜温差大,风沙严重等特点。北疆大部分地区的年降水量只有 200 mm 左右。而南疆降水更少，年降水量不足 100 mm，塔里木盆地内部尚不及 20 mm；在吐鲁番盆地，平均每年只有 11 天下雨，年降水量只有 12.6 mm；在沙漠腹地，有时终年滴雨不下。新疆降水较多的地方，主要在天山山区和阿尔泰山区，这里冬春多雪，夏秋多雨，空气相对湿润，地面植被丰富。天山山区年降水量在 500 mm 左右。这些山区不仅降水丰沛，而且每年降水比较稳定，这给山间盆地谷地和山前平原绿洲的农业灌溉用水提供了十分有利的条件。

新疆气候冬冷夏热。冬季，由于西伯利亚寒流影响，新疆各地尤其是北疆，冬季温度普遍偏低，例如乌鲁木齐最冷时历史上曾出现过 -41.5℃的最低气温。而阿勒泰地区的富蕴县历史上出现过 -51.5℃的低温。新疆的大部分地区夏季气温偏高，其最热程度，南疆又高于北疆，最突出的是吐鲁番，最热的 7 月，平均气温 40℃，最高气温曾达 49.6℃，居全国之冠。吐鲁番一年之中的炎热日平均有 100 天之多，列全国第一。新疆其他地方，夏天都比较凉快。

新疆气温日较差大，白昼气温升高快，夜里气温下降大。许多地方最大的气温日较差在 20℃~25℃之间。在具有干旱沙漠气候特征的吐鲁番，年平均气温日较差为 14.8℃，最大气温日较差曾达 50℃。塔克拉玛干沙漠南沿的若羌县，年平均气温日较差为 16.2℃，最大气温日较差达 27.8℃。一天之内似乎经历了寒暑变化，有"早穿棉袄，午穿纱，抱着火炉吃西瓜"的写照。

新疆全年日照时间在 2550~3500 小时之间，居全国各省区前列。

新疆由于山口、隘道多，在冷空气入侵时容易出现大风。各地大风强烈时间集中在春季。沿兰新铁路的吐鲁番西北部的"三十里风区"、哈密十二间房一带的"百里风区"等地，全年八级以上大风日数超过 100 天，曾经发生过飓风阻塞火车运行的事故。克拉玛依的全年大风日数也有 75 天之多。

第三章　我国西北菌草资源概况

第一节　关于菌草的几个概念

菌草：可以作为栽培食用菌、药用菌培养基的草本植物,简称菌草。

菌草技术:运用菌草栽培食用菌、药用菌和生产菌物饲料、菌物肥料的综合技术。主要由以下内容组成:菌草的种植技术,包括种植菌草治理水土流失、治理荒漠、沙漠的技术;菌草的加工、处理的方法;利用菌草栽培食用菌技术;利用菌草栽培药用菌技术;利用菌草生产菌物饲料技术;利用菌草栽培食(药)用菌废料的综合利用技术;利用菌草生产菌物肥料技术;利用菌草栽培食用菌的贮藏、保鲜、加工等技术;菌草栽培药用菌有效药用成分提取加工技术;以草代煤发电综合技术。

菌草业：运用菌草技术及相关技术形成的产业简称菌草业。菌草业是一个新的生产体系，使植物—菌物—动物(三物)、植物—能源—肥料、植物—土壤—氧气和二氧化碳三个基本循环，对资源的利用形成多次循环转化、综合利用。把菌业生产的社会、经济、生态三大效益有机结合起来。

第二节　西北地区主要农牧业
生产的副产品原料

一、西北地区农牧业生产类型概况

由于地理气候及民族宗教风俗等方面的原因，我国西北地区的农牧业生产类型和品种有其特殊性。农业生产方面，粮食作物主要以小麦、玉米、小米等为主；苹果、梨、葡萄、大枣及各种瓜果品种多、质量好；以新疆为主产地的棉花生产面积大。

我国西北是少数民族聚居区，穆斯林人口比例大，所以畜牧业生产中牛、羊、马、鸡等品种的养殖比例大。

二、农牧业生产的副产品原料

西北地区大面积生产的小麦、玉米等粮食作物，可产生大量的秸秆等副产品，如麦草、玉米秆、玉米芯等，棉花生产产生的棉子壳、棉秆等副产品，苹果、梨等水果修剪下来的枝条，这些都是栽培食用菌的优质原料。畜牧业生产中牛、羊、马等牲畜粪肥是栽培蘑菇的优质天然原料。这些农牧业生产的副产品数量多，价格低，为西北地区发展蘑菇生产提供了有利条件。

第三节　西北地区人工栽培的菌草

我国 2000 年开始实施西部大开发战略，为治理我国西部生态环境,重建西部的秀美山川,实行了退耕还林还草举措,大面积种植了高蛋白的菌饲两用草——紫花苜蓿。据有关资料报道,目前仅宁夏紫花苜蓿的种植面积就达几百万亩,紫花苜蓿是栽培蘑菇的优质原料,据我们在宁夏固原的对比试验,在蘑菇堆肥配方中加入紫花苜蓿后,产量和质量都有显著提高。福建农林大学菌草研究所还通过闽宁对口帮扶项目,在宁夏的荒漠化土地上试验示范栽培了巨菌草、象草、苏丹草、拟高粱、串叶草等优质菌草,这些菌草都是栽培蘑菇和发展畜牧业的优质原料。

一、目前西北地区人工栽培的主要菌草

(一)紫花苜蓿

别名:蓿草、苜蓿。

分类地位:隶属被子植物门,双子叶植物纲,豆科,苜蓿属。

图3-1　紫花苜蓿

形态特征:多年生,多分枝,高 30~100 cm。叶具 3 小叶,小叶倒卵形或披针形,长 1~2 cm,宽约 0.5 cm,先端圆;中肋稍突出,上部叶缘有锯齿,两面有白色长柔毛;小叶柄长约

1 mm,有毛;托叶披针形,先端尖,有柔毛,萼齿狭披针形,急尖;花冠紫色,长于花萼。荚果螺旋形,有疏毛,先端有喙,有种子数粒;种子肾形,黄褐色。

为世界著名的优良牧草,在我国北方和世界各地都有栽种。既是优良饲料植物,又可作绿肥;粗蛋白含量高,可做双孢蘑菇、平菇等多种食(药)用菌的栽培原料,栽培食(药)用菌的废菌料可制饲料、菌料和肥料。

(二)拟高粱

分类地位:隶属被子植物门,单子叶植物纲,禾本科,高粱属。

形态特征:多年生。叶宽长,宽达 3 cm,长达 90 cm,须根发达。茎圆,茎基部有较粗长的不定根。茎高 2~3 m,节上着生侧芽。圆锥花序,有小分枝,无柄,小穗无芒。再生能力强,喜高温多雨气候,耐高温,在最高温达 40℃时亦能生长,抗旱力强。在 pH 值达 4~5.5 的酸性土壤、黏重的土壤、江河、湖泊、山塘水库边均能种植。在福建一年可开花结实两次,分别在 7 月和 10 月。

图 3-2　拟高粱

拟高粱分布在我国福建、浙江、台湾、广东、广西、贵州、云南各省,日本、东南亚、大洋洲等国家和地区也有分布,多生于河岸或湿地。

拟高粱含粗蛋白 4.17%、粗纤维 49.47%、磷 0.078%、钾 0.455%、钙 0.443%、镁 0.172%、灰分 7.87%。

拟高粱是适宜我国南方栽培的优良牧草, 是栽培双孢蘑菇、香菇、金针菇、平菇、猴头菇、灵芝等食(药)用菌的优质菌草。栽培食(药)用菌的废菌料可做饲料、菌料和肥料。

(三)象草

别名:紫狼尾草。

分类地位:隶属被子植物门,单子叶植物纲,禾本科,狼尾草属。

形态特征:象草在热带、亚热带地区为多年生草本植物,而在寒冷地区为一年生。植株高大,株高可达 6.5 m,人工栽培一般株高 3~5 m;根系发达,密布于 0.5 m 左右深的土层中;茎直立,丛生,节一般 30~37 个,多的可达 67 节,分蘖多。1995 年 10 月 9 日,首期菌草技术国际培训班的专家、学者在福建农业大学菌草研究所种植象草,1996 年 12 月 1 日测第一年平均分蘖 28.1 个,1997 年 11 月 20 日测得 87 个分蘖,种后第三年即 1999 年 5 月 19 日测得分蘖多达 309 个。叶互生,叶片条形,叶面散生茸毛,叶鞘边缘具粗密茸毛,中脉白色明显,叶片长 0.5~1 cm,宽 1~5 cm,叶舌小;茎节可长出不定根,叶腋可长出新株,再生能力强,因此,人工栽培采用茎节进行无性繁殖。福建农业大学菌草圃 1983 年种植的象草繁殖情况表明,在气温条件适合的热带、亚热带可连续生长 200 年以上，在长江流域以及南方各省试种均证明可多年生。

图 3-3 象草

象草的种子发芽率低,实生苗生长缓慢。象草喜温热湿润气候,不耐低温,但能耐短时间霜害,土壤冻结会死亡,在福建、广东、广西各地能自然越冬,偏北的地区,茬头培土覆盖能越冬。宜在年降水量 800 mm 以上的热带、亚热带地区生长,气温 12℃~14℃时开始生长,25℃~35℃时生长迅速。8℃以下时生长受抑制,5℃左右地上植株经冻枯萎。在福建、广东、广西地区一般 3 月中旬到 12 月均能生长,4~9 月生长迅速。

象草原是主要牧草,幼嫩时可做猪、牛、羊、马、鱼等的饲料。研究结果表明,象草的主要营养成分比杂木屑高,其中粗蛋白的含量是杂木屑的 5.09 倍,含磷量为杂木屑的 8.9 倍,含钾量为杂木屑的 7.34 倍,含镁量为杂木屑的 7.21 倍(表 3-1)。

表3-1 象草主要营养成分表

	粗蛋白	粗纤维	磷	钾	钙	镁	灰分
象 草(%)	5.91	68.88	0.178	0.778	0.404	0.238	6.27
杂木屑(%)	1.16	84.1	0.02	0.106	0.196	0.033	9.67
象草:杂木屑	5.09	0.82	8.90	7.34	2.06	7.21	0.65

（四）巨菌草

别名：篁竹、巨象草、篁竹草。

分类地位：隶属被子植物门，单子叶植物纲，禾本科，狼尾草属。

图3-4 巨菌草

形态特征：巨菌草植株高大，直立丛生，根系发达，在温度适宜地区为多年生植物。株高一般为3~5 m，1999年5月

2 日在福建农业大学菌草研究所菌草圃试种,12 月 31 日测株高为 3.98 m,茎粗可达 3.5 cm,节间长 9~15 cm;有效分蘖 15 个,每节着生一个腋芽,并由叶片包裹,叶片互生,长 60~132 cm,叶片宽 3.5~6 cm,8 个月共生长 35 片叶。2001 年 3 月,在巴布亚新几内亚鲁法区种植,2002 年 9 月 19 日测产,株高最高的 7.08 m,50 个节,株重达 3.25 kg,每公顷产鲜草达 521.6 t。密集圆锥花序,长 20~30 cm,但在温带地区栽培多不抽穗,每个节的腋芽都有萌发能力。因此,既可利用腋芽进行无性繁殖又可用种子繁殖。

巨菌草具有适应性广、抗逆性强、产量高、粗蛋白和糖分含量高的特点。是适宜在热带、亚热带和我国南方栽培的草种。

巨菌草在 12℃~15℃条件下开始生长,25℃~35℃为适宜生长温度,低于 10℃时生长受到抑制;低于 5℃时停止生长;低于 0℃时,需采取保护措施。1999 年 12 月 23 日~24 日,福建农业大学菌草所菌草圃的最低温度为 -2℃,巨菌草顶端叶片被冻枯。

巨菌草光合作用的最初产物为 4-碳酸-羟基丁二酸和天门冬氨酸等四碳双羧酸产物,即光合作用生化途径为 C-4 途径,属典型的四碳植物,具有较高的光合速率。

在我国南方种植每公顷鲜草产量可达 300~500 t。

巨菌草的生长除需高温外,还需湿润的气候,适宜在年降水量为 800 mm 以上的地区生长。能耐受短期的干旱,但不能耐涝。

巨菌草原产哥伦比亚,原为高产优质牧草,1999 年作为菌草开展研究,是高产优质的菌草之一。

巨菌草的营养成分与应用见表3-2。

巨菌草和象草一样,粗蛋白的含量比杂木屑高,生长一个月高50 cm时粗蛋白的含量(10.8%),比杂木屑(1.16%)的高9.64个百分点。

不同生育阶段,巨菌草的粗蛋白含量差别大。生长一个月高50 cm时粗蛋白的含量为10.8%,而生长3个月高150 cm时含粗蛋白仅5.9%,比幼嫩时粗蛋白含量低4.9个百分点%。

巨菌草可用于栽培双孢蘑菇、香菇、毛木耳、黑木耳、金针菇、平菇、灵芝、珍珠菇、灰树花、玉菇、鸡腿菇、巴西蘑菇、猴头菇等45种食用菌、药用菌,种菇后的废菌料可制饲料和肥料,应用前景广阔。

表3-2 巨菌草营养成分表

生长情况	干物质	占干物质的%				
		粗蛋白	粗纤维	粗脂肪	无氮浸出物	灰分
4星期	15.8	10.8	28.5	3.8	43	13.9
6星期	17.1	8.8	32.2	3.5	42.6	12.9
8星期	18.3	8.7	32.8	3.3	44.3	10.9
10星期	18.5	6.5	33	2.7	46.4	11.4
12星期	20.4	5.9	31.9	2.9	49.0	

(五)苏丹草

分类地位:植物界,被子植物门,单子叶植物纲,鸭跖草亚纲,莎草目,禾本科,高粱属。

一年生草本植物,是一种重要的夏季饲料作物。原产非洲北部。1909年自苏丹引入美国,后又从美国引到南非、大洋洲、南欧和南美等地。中国大部分地区已有栽培。

图 3-5 苏丹草

形态特征:根系发达,大部分根群分布在 50 cm 深的土层内。株高 2~3 m。叶片宽线形,每一个茎上有 7~8 片叶,叶色深绿,表面光滑,边纹稍粗糙,主脉明显。无叶耳,叶舌膜质。圆锥花序,穗枝梗长 10~20 cm,每节着生两个小穗。为退化花,不结实。种子扁卵形,有黄色、褐色、黑色,千粒重 9~10 g。

适应性很广,喜温暖的气候,在北方也能良好生长。对土壤要求不严,只要排水通畅,各种土壤上均可生长。较耐湿,抗旱,但耐寒力差,春季不宜过早播种,5 月上旬前后为宜。播种量 15 kg/ha~30 kg/ha,种子产量每公顷为 750~2250 kg。开花期鲜草含干物质 23.4%。干物质中含粗蛋白质 8.1%、粗脂肪 17%、粗纤维 35.9%、无氮浸出物 44.0%、灰分 10.3%。

(六)串叶草

别名:串叶松香草。由于其茎串生于连座的一对叶片之中,且该草具有松香味,因此而得名。

分类地位:隶属被子植物门,双子叶植物纲,菊科,松香草属。

形态特征：串叶草为多年生草本植物。植株高大，茎直立、方形，直径可达 3 cm，高可达 2.8 m 以上；茎和叶脉绿色，叶脉粗，叶肉较薄，叶片大，二叶连座把方形茎包于中间，叶片一般 10~12 对，叶宽 20~30 cm，长 30~40 cm，地下侧芽分枝多，发育快。在福州、新疆两地种植均在 7 月上旬开花。对温度适应性较强，在返青至开花阶段气温要在 6℃以上才能正常生长，种子发芽的最适温度为 22℃~25℃，特别是具有耐寒的特性，在 -37℃ 的条件下也能安全越冬，可作为高寒地区种植的主要菌草，也宜在亚热带地区种植。

图 3-6　串叶草

串叶草产量高，在新疆昌吉回族自治州种植一年可割三次，年亩产鲜草可达 30 t。营养丰富，不仅含有丰富的粗蛋白、粗脂肪，而且含糖量较高，含钙、磷、钾丰富，但一年生的和二年生、三年生的含量有较明显的差别，二年生的全草的蛋白质、磷的含量仅为一年生的 50%。（见表 3-3）

表 3-3　串叶草不同年龄地上部分全草营养成分表(%)

年龄	一年生	二年生	三年生
粗蛋白质	21.6~24.81	10.4~12.12	8.63~10.10
粗脂肪	0.95~1.10	1.03~1.20	1.28~1.50
粗纤维素	9.5~11.05	19.04~22.20	20.10~23.60
钙	1.86~2.20	2.59~3.02	2.04~2.30
磷	0.31~0.36	0.16~0.19	0.13~0.15
灰分	14.9~17.3	9.1~10.6	7.8~9.10

串叶草原为牧草,我国于 20 世纪 80 年代从美国引进种植,经试验,串叶草可做双孢蘑菇、平菇、阿魏菇、杏鲍菇等多种食用菌的栽培原料。

二、宁夏菌草高产栽培研究情况

为了探索在宁夏荒漠化土地栽培菌草的经验,把发展菌业增加农民收入和保护治理环境结合起来,达到经济效益和生态效益的双赢,2010 年,我们在宁夏永宁县的荒漠化地区进行了菌草高产栽培研究,取得了显著的成效。具体研究情况如下:

(一)试验地的地理气候环境情况

试验地位于永宁县西南部,北纬 38°38′~38°26′,东经 105°49′~106°22′,属贺兰山东麓洪积扇平原中下部,黄河上游流域,海拔高度 1130~1178 m;气候特征属荒漠平原生物气候带,年均气温 8.7℃,夏季各月平均气温在 20℃以上;大于等于 10℃的积温为 3245.6℃,积温有效性高;无霜期平均 167 天,无霜期短,早霜始于 9 月 25 日左右,终霜期一般在第二年 4 月底 5 月初;年太阳总辐射 141.7 kCal/cm²,年日照时数达 2866.7 小时,光能资源丰富,日照长。温差大,天气年较差平均为 31.5℃,日较差平均 13.6℃。降水量在一年中分配很不均匀,多集中在 7、8、9 三个月,干旱少雨,蒸发强烈,年最大降水量 186 mm,蒸发量 3200 mm。风沙多,土壤类型主要以贺兰山洪积物为主,腐殖层的积累过程较弱,主要为沙壤土、沙土和沙砾土。

（二）材料

巨菌草、象草、化肥、地膜。

（三）方法

1. 种苗定植日期:4 月 25 日~5 月 16 日。

2. 栽培方法

（1）菌草种植立地条件和整地:选择蘑菇生产园区内未耕种过的荒漠化土地 100 亩,每亩施 1500 kg 栽培蘑菇后的废菌料,用拖拉机把地翻松,后开成行距 50 cm,宽 30 cm、深 20 cm 的条沟。

（2）扦插繁殖:方法是把巨菌草和象草草苗截成 50 cm 长的茎,每畦种一行,株行距 50 cm,茎节腋芽朝上,放于条沟内,覆 1~3 cm 的土,栽植后浇水至土壤湿透,每亩种 2500~3000 株,种后在畦面用地膜覆盖保湿,防止种苗干死,提高定植成活率。

（3）施肥:草芽长出土面时割破地膜,苗高 20 cm 时每亩追施 25 kg 的碳铵,以促壮苗和分蘖,植株高 70 cm 时每亩施 25 kg 的复合肥,植株高 1.5 m 时每亩施 25 kg 的尿素,植株高 2 m 以上时视苗生长情况适当补肥。

（4）浇水:采取喷灌技术,叶尖卷起、土壤干时,及时灌水或浇水,尤其植株长到 50 cm 时,要给足水,促进分蘖和长高,整个生长周期浇灌 7~8 次水。

(四)结果

1. 鲜草产量

(1)象草 4 月 28 日种植,10 月 12 日随机取 3 个各 10 m² 的样方,进行评测产,平均亩产鲜草量 16392.6 kg。结果见表 3-4。

表 3-4 象草样方鲜草产量表

样方	面积(m²)	株高(cm)	分蘖(个)	产量(kg)
1	10	350~375	11~12	245.25
2	10	325~378	13~14	256.35
3	10	330~365	11~13	235.7
平均	10	335~372.67	11.6~13	245.77

(2)巨菌草 5 月 15 日种植,10 月 12 日对测产样方进行评测,平均亩产鲜草 19316.32 kg。结果见表 3-5。

表 3-5 巨菌草样方鲜草产量表

样方	面积(m²)	株高(cm)	分蘖(个)	产量(kg)
1	10	335~360	12~15	290.9
2	10	330~358	13~16	291.7
3	10	320~359	11~14	289.3
平均	10	328.3~359	12~15	290.6

2. 菌草含碳量、含氮量及碳氮比

另进行了菌草含碳量及含氮量比值的研究,根据各种草碳氮比的测定,结合各种食用菌所需的碳氮比值,以此为依据设计培养基配方。

表 3-6　菌草含碳量、含氮量表

样品	巨菌草	象草
总氮(%)	1.00	1.20
总碳(%)	42.43	40.59
C/N(%)	42.43	33.83

3. 巨菌草的光合速率测定结果

表 3-7　巨菌草光合速率表

编号	1	2	3	4	5	6	7	8	9	10
光(mg)	112.0	121.9	98.0	111.8	96.9	106.3	99.5	106.8	99.9	109.1
暗(mg)	59.2	62.3	50.3	58.1	50.3	45.3	45.4	58.7	46.2	50.4
△M	52.8	59.6	47.7	53.7	46.6	61.0	54.1	48.1	53.7	58.7
pn	39.9	45.1	36.1	40.6	35.3	46.1	40.9	36.4	40.6	44.4
pn 平均值	40.5									

通过 10 个样本的测定,巨菌草平均光合速率为40.5 umol $CO_2m^{-2} \cdot s^{-1}$。其光合作用的最初产物为 4-碳酸-羟基丁二酸和天门冬氨酸等四碳双羧酸产物,即光合作用生化途径为 C-4 途径,属典型的四碳植物,具有较高的光合速率。

与小麦、大豆、玉米、苜蓿比较,巨菌草光合速率是小麦的 2 倍,是苜蓿的近 3 倍,是大豆的近 2 倍,比玉米略高,见下图所示。

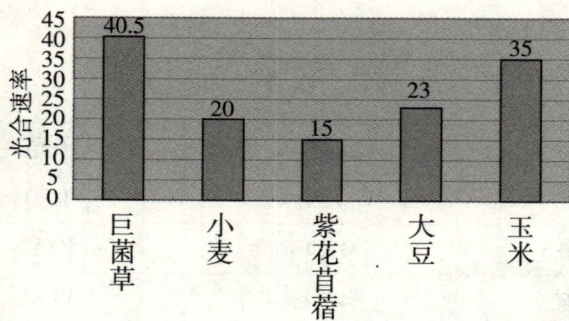

图 3-7 光合速率比较图

第四章　双孢蘑菇在分类学中的地位

第一节　地球上的大型食用真菌

分类学家曾把生物界分为动物界和植物界，把蘑菇等菌类归入植物界，是植物界的低等植物。现代已把菌类从植物界中独立出来，菌物作为一个界。

食用菌是指可供食用的蕈菌，也就是可供人们食用的大型真菌；蕈菌，是指能形成大型的肉质（或胶质）子实体或菌核组织的高等真菌类的总称。

目前，世界上已被描述的真菌达 12 万余种，能形成大型子实体或菌核组织的达 6000 余种，可供食用的有 2000 余种。目前能大面积人工栽培的只有约 60 种。食用菌在分类上属于菌物界，真菌门，绝大多数属于担子菌亚门（如平菇、香菇等），少数属于子囊菌亚门（如羊肚菌）等。我国食用菌资源十分丰富，据卯晓岚（1988 年）统计，当时我国已知的食用菌有 657 种，它们分属于 41 个科，132 个属，其中担子菌 620 种（占 94.4%），子囊菌 39 种（占 5.6%）。2000 年的有关资料报道，我国已发现的食用菌资源有 938 种，人工栽培的有 50 余种。如平菇、香菇、双孢蘑菇、白灵菇、草菇、金针菇、猴头菇、银耳、茶树菇、杏孢菇、木耳、灰树花、巴西蘑菇、灵芝等等。

中文的食用菌一词来自英文的 edible mushroom，而edible mushroom 是 mushroom 中的可食用的那些种类，香港中文大学张树庭教授对 mushroom 一词进行了准确的论述：蕈菌的英文是 mushroom，但蕈菌一词可译成蕈、菌、菇或蘑菇等，缺少一个统一的名称。研究 mushroom 的科学也在名称上出现了蘑菇学、食用菌学、药用菌学等不同的提法。由于对 mushroom 的理解不同，很多学者下的定义也不同。1703年吴林著的《吴菌谱》中记载"出于树者为蕈，生于地者为菌"，"蕈"和"菌"皆指具有显著子实体的高等真菌。在分类学上，我们一般把不同的微生物类群称为不同的菌（每一类群都有其专用的名称），如 Bacteria 称为细菌，Actinomyces称为放线菌，Yeast 为酵母菌，Rust 为锈菌，Smut 为黑粉菌，Fungus 为真菌。Mushroom 均为大型真菌，是真菌中的一个类群，为了与上述微生物类群的名称相协调，拟将 mushroom译为蕈菌。笔者认为，蕈菌是指那些具有显著子实体以资鉴别的一类大型真菌。其中肉质或胶质可食用的称为"食用蕈菌"，具有药用价值专门入药的为"药用蕈菌"，这两类蕈菌都是"无叶无芽无花自身结果，可食可补可药周身是宝"。而对一些具毒性种类的则称为"有毒蕈菌"。此外，还有一些功能未明的蕈菌尚待进一步研究。据此，mushroom（蕈菌）大体可分为 Edible mushroom（食用蕈菌）、Medicinal mushroom（药用蕈菌）、Poisonous mushroom（有毒蕈菌）和 other mushroom（其他蕈菌）四大类。这种区别是相对的，因为许多蕈菌可食、可补亦可药用。我国目前有记载的大型经济真菌有1341种,其中食用菌876种,可人工栽培或发酵培养的91种(卯晓岚,中国经济真菌,1998)。

根据碳水化合物营养需求进行分类,地球上的所有生物分为自养生物和异养生物两类:把含有叶绿素、吸收无机物和水就能生存的生物叫自养生物。绿色植物是自养生物,含有叶绿素,能够进行光合作用。而异养生物,没有叶绿素,不能进行光合作用,不能自己制造碳水化合物,要从活的或死去的含有叶绿素生物或者从以绿色植物为养料的异养生物中得到现成的碳水化合物。异养生物以动物为主要代表,蘑菇也是异养生物。

根据异养生物获取有机物的途径,又把异养生物分为腐生生物和寄生生物。把从死去的生物中获取有机物的异养生物叫腐生生物,蘑菇和其他许多真菌都是腐生生物。把从活的生物中获取有机物的异养生物叫寄生生物,它们生长在宿主上,即生长在供给它们养料的植物上。在自然界,植物用水和二氧化碳合成有机物,动物以它作营养加以利用,可是,如果只是单纯的增殖,地球上的动植物的遗体和它们的排出物就会堆积如山。而菌物把动植物的遗体和它们的排出物分解,变成无机物、水、二氧化碳。作为生产者的植物,作为消费者的动物,作为分解者的菌类,三者互相配合,保持平衡,地球上有限的物质就可以无限地利用,这就是依靠生物进行的物质循环(图4-1)。

蕈菌跟所有真菌一样,都缺乏叶绿素,无法像绿色植物那样利用太阳能合成自身所需食物。但是,蕈菌能产生大量降解、转化复杂有机物质,特别是分解木质素、纤维素的多

光

无机物

无机化 无机化 有机化 无机化

分解者
（有机物）

生产者
（有机物）

分解

分解 捕食

消费者
（有机物）

←物质的流向（去向）
←生物的活动（作用）
箭头所指的是表示
受动的对象或产物

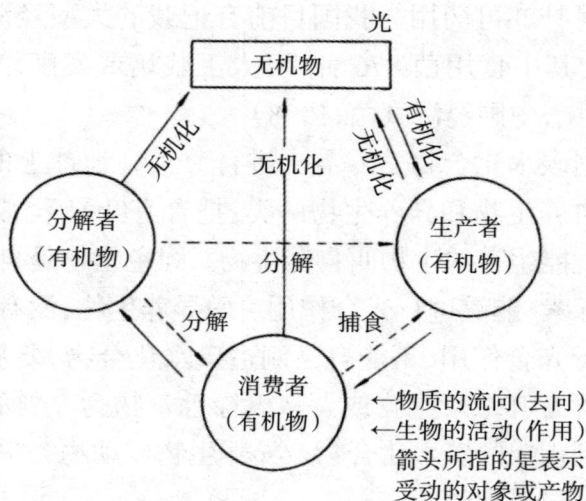

图 4-1 生态系统中生产者、消费者及分解者的关系

种酶，是地球上重要的分解者，是自然界物质和能量循环的重要参与者。

第二节 双孢蘑菇的分类地位

　　双孢蘑菇属于菌物界，是一种大型真菌，双孢蘑菇在分类学上隶属于真菌门，担子菌纲，无隔担子菌亚纲，伞菌目，蘑菇科（黑伞科），蘑菇属（黑伞）。

　　双孢蘑菇在各地的俗称不同，在我国西北地区把双孢蘑菇叫圆菇，在我国台湾称双孢蘑菇为洋菇，在非洲把双孢蘑菇称为白蘑菇。双孢蘑菇是世界上栽培最广泛、消费人群最多的一种菇。

第五章　双孢蘑菇栽培的生物学理论

第一节　双孢蘑菇的形态结构

　　双孢蘑菇的形态结构和高等植物相比，有很大不同，虽然根据功能可分为营养器官和繁殖器官两部分，但是从形态结构进化程度上看，和高等植物相比，要简单得多。它由菌丝体和子实体两大部分组成。菌丝体是双孢蘑菇的营养器官，生长在基质中，在自然界野生状态下，菌丝体一般不易发现。菌丝体的作用相当于高等植物的根、茎、叶，为繁殖器官提供营养，为个体的繁育起营养作用，但是它没有叶绿素，不能进行光合作用，只能利用发酵腐熟的有机物去分解、吸收、贮藏、运输营养。子实体是双孢蘑菇的繁殖器官，相当于高等植物的果实，指可供食用的"菇"，其功能是繁殖后代。双孢蘑菇随着子实体的不断成熟，整个子实体会像雨伞一样撑开（这也是伞菌类的共性），并从伞盖下弹射出孢子，孢子萌发生长而成菌丝，菌丝经过不断生长而形成网状的菌丝体。菌丝体在生长到一定程度，积累一定营养后，遇到适宜的环境条件会扭结形成菇蕾进入生殖生长。子实体既能产生孢子,繁衍后代;也能在特定的条件下通过无性繁殖的方式,产生菌丝体。蘑菇的人工栽培可分为两个阶段,从菌种培育至出菇前,包括母种、原种、栽培种的培养、培养基内和覆土层内的菌丝体生长,均为菌丝生长阶段;从覆土、出菇管理(喷水、通风、降温)到采菇结束,为子实体生长发育阶段。但蘑菇的人工栽培不像小麦等高等农作物生产,可把营养生长和生殖生长分为较分明的前后两个阶段,倒是和枸杞等无限花序的植物有点相似(边结果、边抽梢、边开花)。蘑菇子实体的发生是多潮次的,在每潮菇之间菌丝体继续不断地分解、吸收、积累、运输营养。菌丝体营养生长阶段中的菌丝体对堆肥基质的分解、吸收、运送的好坏,营养积累的多少,直接影响子实体生长发育的好坏、栽培产量的高低。

一、菌丝体的形态和结构

图 5-1　蘑菇菌丝体

双孢蘑菇的菌丝是由子实体产生的担孢子萌发后长成

的,担孢子萌发成菌丝,在正常情况下需 7~12 小时。菌丝靠顶端细胞不断分裂生长而成,菌丝断裂后分枝能力强,就像一些分枝再生能力很强的高等植物一样,把枝条修剪后,会生长出更多的分枝。菌丝不断分裂,分枝生长形成浓密网状的菌丝体,菌丝体呈白色,生长旺盛浓密,像白色的兔毛或羊毛。在显微镜下观察,双孢蘑菇菌丝的形态结构呈长管状,每个细胞就像一个房间一样,细胞由隔膜分开,中间都有一隔膜孔(像房间的门)相通,相互联系在一起。菌丝体因适宜的条件下,会形成较粗的线状体,在线状体的顶端形成小球状的子实体原基,原基继续分化后形成菇蕾。菌丝体因不同生长阶段可分为绒毛菌丝、线状菌丝和束状菌丝三种。绒毛菌丝是指担孢子萌发后的菌丝。线状菌丝是绒毛菌丝生长到一定阶段,在适合的环境条件下形成较粗的呈线状的菌丝,线状菌丝又称为发育菌丝,可直接结成子实体原基。绒毛菌丝不能直接结成子实体原基,必须发育成线状菌丝后才能形成子实体原基。在菌种培养和堆肥的菌丝体培养阶段,主要目的是培养出生活力强,生长旺盛、浓密的绒毛状菌丝,防止线状菌丝的产生。在培养菌丝完成后,通过覆土、出菇管理(水分、温度、通风),促进形成线状菌丝,产生大量子实体原基,才能达到丰产的目的。束状菌丝是菌丝体进一步分化后组成的,子实体由束状菌丝继续分化发育而成。

二、子实体的形态结构

双孢蘑菇子实体成熟后,外形就像一把雨伞,由菌盖、菌柄、菌褶、菌环、孢子等几部分组成。(图 5-2)

菌盖
菌褶
菌环
菌柄
根状
菌束

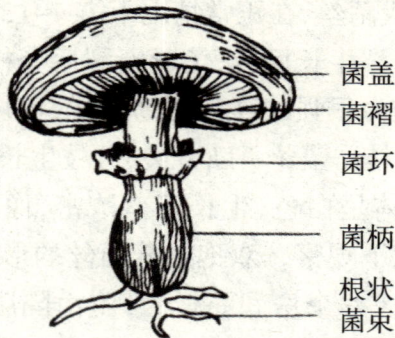

图 5-2　双孢蘑菇子实体的形态结构

　　菌盖：又叫菇盖或菌伞，像雨伞的伞盖，为双孢蘑菇的主要食用部分，又是菌褶生长和产生孢子的所在。双孢蘑菇菌盖直径一般为 5~12 cm，初期为半球形，后随着子实体生长发育成熟，会像雨伞一样撑开，平展呈伞状。菌盖为白色，表面光滑，干燥时有些菌株表面有鳞片，边缘初期内卷。菌肉白色，损伤后由于氧化作用呈褐色，具有蘑菇特有的香味。

　　菌褶：蘑菇开伞后，菌盖下面呈辐射排列的片状部分即菌褶。菌褶离生，宽窄长短不等，初为白色，后逐渐变为淡粉红色，随着成熟度的变化而成为紫褐色，开伞后呈暗紫色。菌褶两面为子实层，在显微镜下观察，可见子实层表面着生很多棒状的东西，叫担子，这是担子菌特有的器官，也是分类的依据；担子上生长有二枚担子梗，每枚担子梗上产生一个担孢子，因为一个担子产生两个担孢子所以称为双孢蘑菇。

　　菌柄：是菌盖的支撑部分，又是给菌盖输送水分和营养的通道。白色，光滑，近圆柱形，中实或中心有白色疏松的"髓"部。

菌膜(幕):菌膜为菌盖与菌柄间连接的一层薄膜,起保护菌褶的作用。随着子实体成熟度的增加,菌膜逐渐变薄,直至破裂。

菌环:当子实体成熟开伞,菌膜破裂后,在菌柄周围留下一圈环状物即为菌环。菌环单层,白色,生于菌柄中部,易脱落。它在分类学上具有十分重要的价值。

孢子:高等植物传宗接代的有性器官叫种子,蘑菇在进化方面比高等植物要低得多,它的有性繁殖细胞叫孢子,子实体成熟开伞后,菌褶两侧面着生在担子梗上的担孢子便会自动弹射。担孢子遇到适宜条件会萌发,生长成菌丝,进行繁衍。

未成熟的担孢子为白色,逐渐成熟后变为浅褐色或深褐色,担孢子呈椭圆形,光滑,长 $6\~8.5\ \mu m$,宽 $5\~6\ \mu m$。栽培过双孢蘑菇的人会发现,当把菌膜快破的子实体采回,放在一张白纸上进行保温保湿,隔一夜后会发现在子实体下面的白纸上呈现圆形咖啡色的孢子印,一个双孢蘑菇子实体可释放数亿个孢子。

第二节　双孢蘑菇的生活史

一、什么叫生活史

动物、植物、微生物在一生中所经历的生长、发育和繁殖等全部过程,叫做它们的生活史,也即从一个生物个体生命细胞的形成到产生下一代生物个体生命细胞的全部过程。它可定义为物种的生长、分化、生殖、休眠和迁移等各种过程的整体格局。不同的物种具有不同的生活史特征,例如,有一年生、二年生和多年生的,一年中只生殖一次的和多次的,有休眠的和无休眠的等等。有卵、幼虫、蛹和成虫各个阶段的完全变态昆虫,有多寄生和复杂生活史的寄生虫,有改变栖息地的候鸟,彼此间生活史的差别是很明显的。

二、双孢蘑菇的生活史

双孢蘑菇生活史是从担孢子萌发开始,到子实体形成新的担孢子的全过程。它的生活史的演变过程从担孢子萌发为菌丝开始,再由菌丝扭结而产生原基,由原基进一步分化为菇蕾、发育成子实体,最后子实体成熟后从菌褶上再释放出孢子。这样周而复始,不断繁衍。(图5-3)

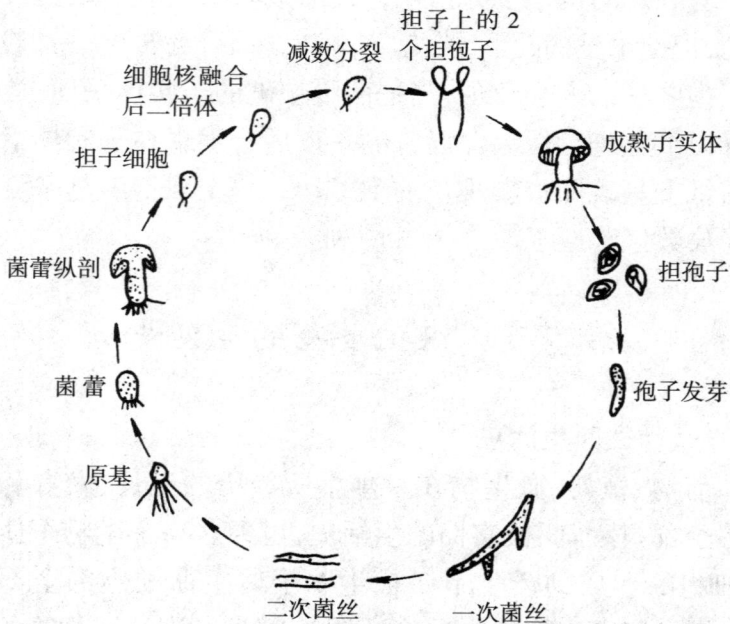

图 5-3 双孢蘑菇生活史示意图

　　双孢蘑菇的生活史可分为孢子的萌发、菌丝的生长和子实体的形成再产生孢子三个阶段。蘑菇的栽培首先必须了解蘑菇生活史的各生长发育阶段的生物学特点和对外界环境条件的要求，尤其是菌丝生长和子实体形成的特点和生活条件。在生产过程中，尽可能地创造适于蘑菇生长发育的各种生活条件，才能达到高产和稳产。

　　(一)双孢蘑菇孢子的萌发

　　双孢蘑菇子实体成熟后会释放大量的孢子，孢子的功能相当于高等植物的种子，是双孢蘑菇的有性繁殖细胞,起传宗接代作用。当子实体成熟后菌膜破裂,蘑菇孢子就会弹射出去,落在地面或漂浮在空气中,在自然界中孢子经过水、风和动物等媒介的传播,而把孢子带到更远的地方,实现了蘑菇生长区域扩散,蘑菇人工栽培的发明就受此启发。采摘一朵成熟的菌膜未破的双孢蘑菇子实体,菌褶朝下放在一张白纸上,24 小时后落在白纸上的孢子会形成咖啡色的孢子印。双孢蘑菇孢子像农作物种子一样,需要在适宜的温度、湿度等条件下才能萌发,在一般条件下双孢蘑菇孢子的萌发率是非常低的。据有关资料报道,挥发性的有机酸——异戊酸能刺激蘑菇孢子的萌发,采用液体培养双孢蘑菇孢子,其萌发率可达 45%~70%。而高浓度的二氧化碳、pH 值 3 以下和 pH 值 9 以上时,孢子萌发都会受到抑制。如把孢子放到适宜的营养介质上培养,首先在孢子上长出球形泡状的芽体,延伸形成芽管,芽管进一步形成并分枝形成菌丝。

　　通常蘑菇的栽培者不使用蘑菇的孢子来播种,而是使用在特定单位把孢子培育成菌丝体,经试验筛选培育成的菌种来播种。

　　(二)菌丝生长

　　菌丝体是双孢蘑菇的营养器官，双孢蘑菇的菌丝由管状细胞组成,粗 1~10 μm,有分隔,具分枝。其生长依靠尖端生长,反复产生分枝,各菌丝间相互联结,而形成菌落。根据菌落中菌丝的生长形状, 蘑菇的菌株分为气生型和贴生型(匍匐型)两类。菌落形状为绒毛状气生菌丝的称为气生型,菌落形态为匍匐生长的称为贴生型。贴生型菌株的菌丝分解能力强,吸收营养和水分的速度快、抗逆性强、结菇早、转潮快、产量高;但子实体组织疏松,含水量高,子实体表面易产生鳞片,盖平或凹陷,色泽灰暗,加工质量较差。气生型菌株的特点恰好相反。目前已培育出融合二者优点的菌株。蘑菇栽培者如要取得高产:一是要选择优质、抗性好的菌株;二是必须培育好菌丝体。

　　(三)子实体的生长

　　子实体是双孢蘑菇的生殖器官, 也是蘑菇生产者获得经济收益的来源。双孢蘑菇菌丝生长到一定阶段,在适宜发育的环境条件下,形成线状菌丝,继而形成子实体原基,原基在适宜的温度、湿度、空气等条件下,发育成菇蕾,菇蕾进一步分化、长大,形成成熟的子实体。

　　目前关于从菌丝体生长到子实体, 从营养生长到生殖生长的原理尚有待进一步研究。栽培研究发现,温度是影响双孢蘑菇子实体形成的重要因素之一,当菌丝充分生长,积累一定营养后, 给予适宜的温度 (如温度处在16℃~20℃时),菌丝会扭结形成原基进而形成子实体。另外,二氧化碳浓度也是影响双孢蘑菇子实体形成的重要因素。当把菇房空气中的二氧化碳浓度从 0.1%~0.5%降至 0.03%~0.1%时,能促进子实体的形成。

　　双孢蘑菇栽培者应了解和掌握双孢蘑菇营养生长阶段和生殖生长阶段的特点、环境条件,创造双孢蘑菇高产优质的营养基础，并适时创造诱导蘑菇子实体原基形成的环境条件,把前期双孢蘑菇营养生长良好的营养基础,变为尽量多的优质子实体,这才能保证栽培的高产、稳产,产生大的经济效益。

第三节　双孢蘑菇生长发育的生活条件

　　在农业生产上,任何农作物品种的良好生长,都必须提供良好的土壤、水、肥、光、热、气等条件,了解不同农作物的生长发育规律和条件需求，也就是必须了解它的生物学特性,从而创造取得高产、稳产的条件和环境,来获得农作物的丰收。双孢蘑菇的生长发育也不例外,菌丝体的生长、原基的形成、子实体的发育等需要在特定的环境条件下进行,了解环境条件对双孢蘑菇生长发育的影响，在栽培过程中提供适宜双孢蘑菇生长发育所需要的,而对其他竞争性微生物不利的环境条件,是栽培双孢蘑菇成功的关键。双孢蘑菇生长发育所需要的条件主要有以下几个方面:

一、营养

　　双孢蘑菇是异养生物, 不含叶绿素, 不能进行光合作用,必须从腐熟的堆肥中获取营养。它能产生分解纤维素、半纤维素和木质素的酶, 所以双孢蘑菇栽培者通过配制双孢蘑菇生长发育需要的堆肥, 来提供蘑菇细胞构成的原料和蘑菇生命活动所需的能源。栽培蘑菇的堆肥是双孢蘑菇菌丝体和子实体生长的物质基础。蘑菇堆肥的配比,直接影响到栽培蘑菇的产量和质量。适合的堆肥,蘑菇菌丝生长旺盛、子实体发生量多、生长发育的速度快、抵抗病虫害及其他外部环境条件的能力也较强。双孢蘑菇生长发育所需的营养主要是以下几个方面:

(一)碳源

碳源是双孢蘑菇所需的碳素营养,主要是指各种适合双孢蘑菇利用的碳水化合物,如葡萄糖、蔗糖、果糖、淀粉、纤维素、半纤维素、木质素、树胶、果胶等,是双孢蘑菇细胞构成物质和能量的来源。农作物的秸秆和人工栽培的象草、巨菌草、苏丹草、苜蓿草、拟高粱等菌草中含有丰富的碳水化合物。双孢蘑菇能同化绿色植物制造的高分子碳水化合物,但是这些基质是不溶性的,而双孢蘑菇是异养腐生菌,这些碳水化合物中大部分必须经过发酵,在中高温微生物的作用下分解成蘑菇能够吸收的碳水化合物,才容易被蘑菇菌丝分解利用,所以栽培双孢蘑菇的堆肥必须先进行发酵后,蘑菇菌丝体才会生长得更好。

(二)氮源

氮源是双孢蘑菇所需的氮素营养,是指各种适合双孢蘑菇利用的含氮物质。氮素营养是构成双孢蘑菇细胞的主要成分,双孢蘑菇细胞的增殖、个体的成长发育都离不开氮素营养。双孢蘑菇不能同化硝态氮,能同化铵态氮,更适合利用有机氮,但不能直接吸收蛋白质,蛋白质必须进行水解后才能利用。蘑菇的主要氮源包括蛋白质、蛋白胨、肽、氨基酸、酰胺、尿素、铵盐等。栽培蘑菇配制堆肥时,常加牛粪、羊粪、马粪、饼肥、尿素等作为氮素营养来源,未发酵的堆肥中含有游离氨等双孢蘑菇不能直接利用的氮源，栽培蘑菇的堆肥必须先经过发酵，在发酵过程中，在高温的作用下，堆肥中高温放线菌和高温霉菌的增殖，把简单的含氮化合物生物合成了蛋白质，同时游离氨和可溶性含氮化合物减少了，氮被堆肥中的微生物吸收利用，并转化为菌体蛋白，成为蘑菇所需要的优质氮源。

双孢蘑菇吸收利用碳素和氮素的量是有一定比例的，主要原因是氮素的消耗由于堆肥配制时的含氮量、碳氮比，以及温度、氨化等而有所不同。氮素浓度高后，氨的生成也增加了，但是如果糖类的浓度也升高，那么微生物迅速繁殖又会再次同化氨，所生成的蛋白质复合体只有对双孢蘑菇才会成为特异的营养源。所以在配制堆肥时应考虑堆肥中碳氮的比例（C/N），在堆肥刚建堆时适宜的碳氮比为 30~33:1，堆肥发酵结束后适宜的碳氮比为 17:1。另外，可以用堆肥中的含氮量来确定氮素营养，在配制堆肥时，堆肥中的适宜总氮量为 1.5%~1.6%（配方堆肥中各种物质所含氮量相加，除以配方各种物质总量的百分比）。在配料时应注意草与粪的比例和豆粉、花生饼粉、菜子饼粉、尿素、碳酸氢铵等添加物质的用量。如果氮素营养含量不足，会影响产量，氮素营养的含量过多会造成游离氨过多，当游离氨的含量达 0.2%以上时蘑菇菌丝会停止生长并死亡。

碳氮比及其计算：

碳氮比（C/N）是指食用菌堆肥中碳源和氮源适当浓度的比值。食用菌的种类及培养材料不同，对碳氮比的要求也不同。双孢蘑菇在配制堆肥时的碳氮比为 30~33:1，堆肥发酵结束后适宜的碳氮比为 17:1。若碳氮比值过大，子实体生长发育不好,影响产量。因此,碳氮比对双孢蘑菇生长发育十分重要。如何配制碳氮比为 33:1 的堆肥?例如:培养基配方主材料 1000 kg(其中稻草 400 kg、干牛粪 600 kg),需补充氮量即补充尿素或硫酸铵多少千克?

速算公式:需补充氮量=(主材料总碳量÷碳氮比−主材料总氮量)÷补充物质含氮量

经查得(已知):稻草含碳量 45.58%、含氮量 0.63%,干牛粪含碳量 39.75%、含氮量 1.27%,尿素含氮量 46%,硫酸铵含氮量 21%。

速算方法:

①设需补充尿素 x kg,用速算公式得:

$x = \{[(400 \times 45.58\% + 600 \times 39.75\%) \div 33] - (400 \times 0.63\% + 600 \times 1.27\%)\} \div 46\% \approx 5.7(\text{kg})$

②设需补充硫酸铵 x kg,用速算公式得:

$x = \{[(400 \times 45.58\% + 600 \times 39.75\%] \div 33] - (400 \times 0.63\% + 600 \times 1.27\%)\} \div 21\% \approx 12.4(\text{kg})$

经计算,需补充尿素 5.7kg 或补充硫酸铵 12.4kg;也可混合补充尿素和硫酸铵各 50%。

(三)无机盐

无机盐,即矿物质营养,双孢蘑菇生长发育除了需要碳源和氮源外,还需要一些矿物质营养,无机盐是双孢蘑菇生长发育不可缺少的物质,对双孢蘑菇细胞成分的构成、生命活动中酶的构成、能量转移、控制原生质胶体状态、维持细胞的渗透性等都起到重要的作用。

双孢蘑菇对无机盐等的需要可分为多量和微量两种。要测定双孢蘑菇需要的所有微量无机盐是困难的。通常,双孢蘑菇生长发育需要的无机盐主要有以下 10 种。

1. 钙

钙不是菌类共同必需的无机盐营养，但对双孢蘑菇来说，钙是必需元素。钙是以离子状态控制细胞的生理活动，降低细胞膜的透性，能起到堆肥的胶凝作用，调节酸碱度，促进菌丝体的生长和子实体的形成，消除钾、镁等含量过多时对蘑菇菌丝生长的抑制作用。加硫酸钙能改善堆肥的透气性，促进双孢蘑菇菌丝体的繁殖。在配方中常用石膏、碳酸钙、石灰等作为钙肥。

2. 磷

非金属的磷以磷酸盐的形态成为双孢蘑菇的矿物质营养，对双孢蘑菇菌丝来说，缺磷比缺其他无机盐更危险。磷是蘑菇细胞中能量代谢和核酸、磷脂、某些酶和能量代谢的组成部分，是碳代谢中必不可少的元素。没有磷，碳和氮就不能得到很好的利用。如果有适量磷存在，蘑菇菌丝体在高浓度的氮素培养基环境中也能生长。需注意的是磷的浓度太低，氮素增加后双孢蘑菇菌丝就停止生长，氮素的同化就减少。但是磷浓度太高，也会阻碍双孢蘑菇菌丝的生长，在马厩肥中含有充足的磷。

3. 钾

能帮助碳水化合物代谢，平衡离子，是多种酶的活化剂，能控制原生质的胶体状态和调节细胞的渗透性。以秸秆为主要原料的蘑菇培养基配方中已含有丰富的钾，因此一般不必添加钾肥。

4. 硫

是氨基酸和维生素的组成成分，存在于细胞的蛋白质中,主要是含硫的氨基酸,某些酶的活性基也含有硫。蘑菇栽培常在培养基配方中添加石膏来补充硫。

5. 镁

双孢蘑菇一些酶的激活剂。

6. 铜

一些酶的激活剂。

7. 铁

细胞色素,过氧化氢酶的激活作用。

8. 锰

三羧酸循环的激活作用,核酸的合成。

9. 钼

酶的激活剂。

10. 锌

酶的激活剂。

(四)生长因子

蘑菇的生长发育除了需要碳源、氮源、无机盐等营养外,还必须供给一些微量的特殊物质,即生长素、维生素、核酸、激素等有机化合物。它们是组成各种酶的活性成分,对代谢起着重要作用。如 VB_1、VB_2、VB_6、泛酸、叶酸、生物素、萘乙酸、吲哚乙酸、三十烷醇等。

二、温度

不同生物有不同的温度要求,温度对任何生物的生存都是非常重要的因素。温度对双孢蘑菇的生长发育起着非常重要的作用,是双孢蘑菇菌丝体能否生长,生长快与慢、强与弱的关键因素之一,也是影响双孢蘑菇子实体原基形成、子实体正常发育、子实体生长速度、子实体质量的关键因素之一。然而,在不同的生长阶段、不同培养条件下,对温度的要求又有所不同。

　　温度对双孢蘑菇生长发育的影响可分为对菌丝体生长的影响和对子实体生长发育的影响,二者对温度的要求是不同的。双孢蘑菇菌丝体生长对温度的要求比子实体更高,菌丝体能生长的温度范围为5℃~33℃,5℃以下生长缓慢,温度再低则停止生长,33℃以上生长基本停止,到35℃以上时菌丝体开始死亡,但在零度条件下也不会冻死,笔者曾亲历菇床经过气温-10℃~-20℃的冬季后,床面结了一层厚冰,在春季把冰铲除后照样正常出菇,基本可以说菌丝体是怕热不怕冷。菌丝体最适合的生长温度为22℃~26℃,菌丝生长速度快、粗壮浓密、生活力强,高于28℃时菌丝生长纤细无力,低于18℃菌丝生长短而浓密,但生长速度减慢。

　　双孢蘑菇子实体生长发育对温度的要求比菌丝体低,子实体生长发育的温度范围为4℃~23℃,有利于诱导原基形成的温度为16℃,原基形成后最适合子实体生长发育的温度为14℃~17℃,当温度高于19℃时子实体生长速度快,菇柄细长,肉质疏松,开伞快,质量差;低于12℃时子实体生长速度慢,肉质致密,菇体肥厚,品质好,但数量少,温度低于10℃时形成的原基数量少。菇蕾形成后,温度连续3天在23℃或以上时,会造成菌丝体供应给菇蕾的营养回流,菇蕾因失去营养供应而枯萎死亡。

　　子实体数量多时温度调低些,数量少时温度调高些。

三、水分

　　水是生命之源,可以说没有水就没有生命,双孢蘑菇菌丝生长和子实体的发育都必须有适宜的水分,双孢蘑菇的子实体主要是由水构成的,子实体的含水量为90%左右,水是双孢蘑菇生命活动不可缺少的重要元素:水是细胞原生质的主要成分,是细胞营养代谢中许多营养物质的溶媒,一些营养物质必须溶解在水中才能被细胞吸收和利用,才能将营养物质进行运转。水分不足营养运输无法正常进行,会导致蘑菇菌丝生长停止,水的比热大能很好地调节细胞的温度。水分还是代谢过程的参加者,水分对双孢蘑菇的生命活动和对蘑菇的产量和质量影响很大。蘑菇子实体的含水量为90%以上,生长1kg双孢蘑菇子实体需消耗2L水,为保证双孢蘑菇生长发育有足够的水分,在堆肥发酵时含水量需达65%~70%。播种时堆肥的含水量达到63%~65%,有利于蘑菇菌丝生长;当堆肥含水量低于50%,蘑菇菌丝生长缓慢。出菇期间堆肥含水量太低时,子实体生长缓慢,影响产量。堆肥含水量太高时,造成缺氧,容易出现线状菌丝,生活力降低。覆土层含水量在不同阶段内应有所不同;在覆土后的菌丝生长阶段,覆土层含水量不能太高,含水量维持在20%;子实体长到黄豆粒大小时,覆土层含水量要高,含水量可处饱和状态。空气相对湿度在播种后定植前保持在90%~95%。菌丝定植后,空气相对湿度降至75%左右,覆土后应适当提高空气相对湿度,出菇期间空气相对湿度保持在90%左右。如空气相对湿度在95%以上,通风不良时,易发生杂菌危害。

但蘑菇菌丝体在干燥情况下不易退化,长满菌丝体的堆肥即使干到可点着火,菌丝体也不会死亡,反而可以保藏很长时间,喷水后菌丝体生长更旺盛。在高温条件下,培养基太湿,如通风不够、氧气不足,则菇床上菌丝会死亡消失,这是笔者在蘑菇栽培实践中的深刻体会，可以说蘑菇菌丝体怕太湿（缺氧），不怕干。

四、空气

双孢蘑菇是好氧型真菌。双孢蘑菇的菌丝体生长和子实体原基的形成、子实体的成长都需要有充足的氧气，氧气不足时菌丝生长缓慢，缺氧严重时菌丝萎缩，在高温、高湿、缺氧的环境下，双孢蘑菇的菌丝进行无氧呼吸，会造成蘑菇菌丝生长停止，长时间缺氧会造成菌丝体死亡。据笔者多年来的实践，双孢蘑菇菌丝体如果在长时间缺氧的环境贮藏，即使在低温条件下，也会由于缺氧而产生无氧呼吸导致死亡，可以说蘑菇菌丝体对氧气多少更敏感、要求更多。二氧化碳浓度过高原基不易形成，子实体生长不正常，柄长。适宜蘑菇菌丝生长的二氧化碳浓度为 $0.1\% \sim 0.5\%$，适宜子实体原基形成和子实体成长的二氧化碳浓度为 $0.03\% \sim 0.1\%$，二氧化碳浓度超过 0.6%，双孢蘑菇子实体不易形成，所以在栽培过程中，应注意经常补充新鲜空气；菌丝培养阶段，要加强通风，避免高温高湿；菌丝体生长成熟后，要通过加强通风和降温，来促进子实体原基的形成，出菇期间温度高时，应加强通风和采取降温措施。

五、光线

光线不是双孢蘑菇生长发育必需的因素，蘑菇菌丝体生长和子实体生长都不需要光线，强光会使菇床的温度升高，抑制蘑菇的生长，引起子实体的徒长，直射光会造成子实体表面干燥变黄，影响蘑菇的品质。

六、pH 值

pH 值指堆肥的酸碱度。酸碱度对生命活动的影响，从本质上讲是影响胞外酶的活性进而影响生物体对环境中营养物质的降解和利用，另外也影响到细胞对营养物质的吸收。双孢蘑菇是适宜在偏碱性环境生长的菌类，菌丝体在 pH 值为 5.5~8.5 范围都可以生长，最适宜的 pH 值是 7 左右。因在栽培蘑菇的过程中，pH 值会产生变化，各阶段的 pH 值是不同的：堆肥二次发酵前的 pH 值要求达到 8.0 左右，播种时的 pH 值要求在 7.5 左右。由于菌丝体生长过程中会产生有机酸，有机酸的不断积累，会导致 pH 值下降，为保持适宜的 pH 值，可以喷石灰水和碳酸钙水来调节。

七、土壤

双孢蘑菇和其他许多食用菌不同，不像平菇的菌丝体成熟后在适宜的温度、湿度、氧气等条件下，就能直接从菌丝体上形成子实体。双孢蘑菇的菌丝体需覆土后才能产生子实体，如果不覆土，菇床上将没有菇或只出现很少菇。覆土对双孢蘑菇子实体的形成为什么这么重要，这个机理目前还不完全清楚，覆土对双孢蘑菇原基的形成是有多种原因的，是物理、化学和微生物等方面综合作用的结果。覆土材料的好坏直接影响到蘑菇的产量，覆土材料应选择吸水性强、持水力好、透气性好、盐分少、不含未分解有机物、不含营养成分、不含寄生菌和小动物的土壤，以泥炭土最好。

第四节　双孢蘑菇栽培的生态系统

生态系统是在一定的空间和时间范围内，在各种生物之间以及生物群落与其他无机环境之间，通过能量流动和物质循环而相互作用的一个统一整体。生态系统是生物与环境之间进行能量转换和物质循环的基本功能单位。由无机环境、生产者(绿色植物)、消费者(草食动物和肉食动物)以及分解者(腐生微生物)四部分组成。蘑菇栽培的生态系统,主要是了解双孢蘑菇栽培过程中,双孢蘑菇与其所处的无机环境及其他微生物的变化关系,为合理配置,及时有效调节、控制、提供有利于双孢蘑菇生长发育的营养与环境条件,以抑制病原菌的污染,把培养基中的营养物质尽可能多地转化成双孢蘑菇的子实体。

双孢蘑菇的栽培过程一般可分为堆肥的配制、菌丝体的培育、子实体的形成和收获三个过程。

栽培双孢蘑菇和栽培其他农作物不同,双孢蘑菇是异养生物,没有光合作用能力。栽培双孢蘑菇需要提供两类基质:一类是经过配制和经微生物发酵的优质培养基,供应蘑菇生长发育所需的营养;第二类是能诱导蘑菇子实体原基形成的覆土,促进蘑菇原基的形成。

蘑菇栽培需要的无机环境条件:适宜的温度、水分、空气、pH值等。在栽培过程中,通过科学安排生产季节或建造能人工调节气候的栽培房,以满足蘑菇生长发育所需的温度条件。pH值在培养基配制时调节,而培养基和空间的湿度、空气在栽培过程中调节。

从生态系统的角度分析,双孢蘑菇栽培的过程存在着微生物优势群演替的过程。蘑菇的产量和这些微生物优势群的演替有关。

首先,在双孢蘑菇播种前堆肥发酵过程中,细菌占优势,放线菌和高温霉菌发挥主导作用能产生70℃以上高温。然后,双孢蘑菇菌种播种后,蘑菇菌丝逐渐在堆肥的微生物群体中占优势，但细菌和其他微生物并没有从堆肥和覆土中消失，只是保持在低水平继续生长，当蘑菇菌丝生长衰弱或生活条件不适时，细菌和其他病原菌将重新活跃，造成污染而影响产量和品质。

其次，双孢蘑菇栽培的过程可以说包括了微生物优势群交替连续过程。①前发酵过程中主要的细菌群是嗜热（高温）细菌，其菌体将成为双孢蘑菇菌丝生长的营养源。②嗜热或耐热性放线菌和丝状真菌是二次发酵中的优势菌群，分解秸秆的能力强，但过度发酵，会消耗营养。③对双孢蘑菇生长有害的病原菌——轮枝霉、褐斑病——会受到来自覆土层的未知菌类的抑制，这可能达到利用生物抑制病害的作用，减少杀菌剂的使用。④在覆土后 7~10 天，覆土层中细菌活性增强，促进蘑菇从营养生长向生殖生长转变，细菌的活性对双孢蘑菇子实体的产量、大小、品质等都有影响。⑤收获第三批菇后，覆土层中细菌活性再次转强，病原菌繁殖污染的危险性也增大，无机盐积累，蘑菇产量减少。

双孢蘑菇栽培欲获高产，在微生物群的演替过程中，要提供有利双孢蘑菇菌丝和子实体生长的同时又能抑制病原菌的增殖的条件。这就要求：①科学配制堆肥；②在堆肥发酵和双孢蘑菇发菌过程中，维持适宜的通风和湿度；③在各个阶段维持适宜的温度；④在双孢蘑菇菌丝生长过程中，培养基的 pH 值保持中性。

第六章 我国西北菌草栽培双孢蘑菇的有利条件及应用

第一节 我国西北菌草栽培双孢蘑菇的地理气候条件及应用

没有到过西北和没有在西北工作生活过的人，对西北的地理气候特点是不会有深刻体会的，基本上都会停留在西北荒凉、干旱缺水、夏季酷热、冬季严寒、沙尘暴频发等层面上理解。殊不知，我国西北地域辽阔，地形复杂，有高原、大平原、荒漠、大草原、森林、火焰山、冰川等。这就形成了丰富的气候条件：南方夏季炎热时，在西北许多地方晚上睡觉还需盖棉被，一场雨就会使许多人穿上毛衣；南方梅雨季节愁衣服难晒干发霉时，在西北栽的树却难以成活，湿衣服在室内晾几个小时就干了；南方冬季太阳光弱时，西北的日光温棚内温度可达 20℃以上，蔬菜生长郁郁葱葱。所以，西北独特的地理气候条件，可以为双孢蘑菇栽培提供在同一季节南方所没有的栽培小环境，为双孢蘑菇在西北地区栽培提供了更多选择。根据双孢蘑菇生长发育的条件，西北地区栽培双孢蘑菇时，可从以下几方面来设计双孢蘑菇栽培方案：

①利用西北高纬度和高海拔地区夏季气候凉爽的条件,在夏秋季栽培双孢蘑菇,当时我国南方等双孢蘑菇主产区在自然条件下不能生产,能达到人无我有的目的。②利用西北气候干燥温差大的条件,用水来实现调节菇房温度的目的,创造适宜双孢蘑菇生长的小气候环境。③利用西北丰富的冬季太阳光资源,在严寒的冬季通过日光温棚生产双孢蘑菇。

第二节　我国西北菌草栽培双孢蘑菇的原料条件及应用

我国栽培双孢蘑菇的主要原料是稻草、麦草等农作物秸秆和牛粪、羊粪等牲畜粪肥,我国南方主要以稻草为主。西北是小麦、玉米和棉花的主产区,麦草、玉米秆、玉米芯、棉子壳等原料非常多、价格低。畜牧业是西北传统产业,畜牧业发达,是我国畜牧业的主要产区,牛、羊、马等牲畜的粪肥多。这些都为西北发展双孢蘑菇生产提供了有利的原材料条件。

西北还有辽阔的土地,有大面积的土地可用来栽培苜蓿草、象草、巨菌草,为双孢蘑菇生产提供无污染的原料和为畜牧业提供优质的草饲料。

西北丰富的农作物秸秆、牲畜粪肥和辽阔的土地,可为双孢蘑菇的发展提供广阔的空间,可从以下几个方面加以利用:①就地取材,充分利用西北富余的农作物秸秆和牲畜粪肥,降低生产成本。②应用菌草技术进行综合开发,在荒漠种植菌草保持水土,为双孢蘑菇生产和畜牧业提供无污染和优质的原料,把产菇后废蘑菇料作为有机肥料,建立农作物生产—蘑菇生产—畜牧业生产—荒漠治理的生态型循环生产的产业链,即把植物生产—动物生产—菌物生产结合起来,达到经济效益、社会效益和生态效益的有机结合,实现双孢蘑菇生产的可持续发展。

第三节　我国西北菌草栽培双孢蘑菇的政策条件及应用

我国双孢蘑菇栽培最早始于南方,主产区也主要在南方,西北进行双孢蘑菇生产较晚,生产面积也较小。党中央和国务院实施的西部大开发战略、东西扶贫协作、援助新疆跨越式发展等重大举措,为西北发展双孢蘑菇生产提供了难得的发展机遇,也为西北双孢蘑菇的发展提供了有力的政策支持。

利用双孢蘑菇生产周期短、效益高的优势,把双孢蘑菇生产作为当地农民脱贫致富的特色产业;利用各种帮助西部发展的政策,争取资金投入、税收优惠、生产补助等方面的双孢蘑菇产业发展政策;利用东部双孢蘑菇产区的技术优势,借东西部协作的机制,帮助西北培养双孢蘑菇生产的技术人才,指导双孢蘑菇生产,实现双孢蘑菇产业的跨越式发展。

第四节　我国西北菌草栽培双孢蘑菇的市场条件及应用

我国西北地域广,交通较不方便,离我国经济发达地区较远,使西北双孢蘑菇鲜菇输入东部市场较为困难。但西北原来栽培双孢蘑菇面积小,过去当地市场上销售的双孢蘑菇鲜菇主要通过从南方双孢蘑菇主产区输入,这为西北发展双孢蘑菇生产提供了可靠的当地市场。另外,由于西北独特的地理气候条件,西北双孢蘑菇的生产季节和我国主产区不同,这使西北双孢蘑菇鲜菇输入东部成为可能。所以应对鲜菇销售市场方面,采取如下对策:①根据当地市场需求,夏秋季在高海拔地区,建低温菇房和采取降温的出菇管理措施,栽培双孢蘑菇。②冬春季利用日光温棚,采取菇菜结合的技术栽培双孢蘑菇,满足当地市场的供应。③利用西北独特的地理气候条件,把双孢蘑菇的生产季节错开,在南方自然气候条件下不能生产双孢蘑菇、鲜菇,价格高时进行生产,把双孢蘑菇鲜菇低温保鲜后空运到我国经济发达的市场,做到人无我有。

第七章　双孢蘑菇菌种的生产、保藏与质量

第一节　双孢蘑菇菌种生产的设备

一、培养基配料设备

主要设备是搅拌机，用于双孢蘑菇原种和栽培种培养基配料时使用。

使用搅拌机代替手工拌料，能使培养基搅拌更均匀、效率更高，省工，降低劳动强度。

二、培养基分装设备

主要设备有装瓶机、装袋机。

用于原种和栽培种生产时分装培养基，使培养基分装更标准，速度更快，劳动力更省，劳动强度更低。

三、培养基灭菌设备

主要设备有手提式高压灭菌锅、电热卧式高压灭菌锅、煤柴加热高压灭菌锅、锅炉高压蒸汽加热高压灭菌锅、常压灭菌灶等。

用于培养基和其他需要灭菌的物品的灭菌，杀死各种微生物和害虫，确保培养基和物品的无菌和无害虫。用高压

设备灭菌时间短,灭菌更彻底。

四、菌种接种设备

主要设备有接种箱、超净工作台、无菌室。

接种箱基本是一个封闭的箱子,在接种前通过物理或化学方法,对接种箱、箱内培养基和物品进行消毒,使之成为无菌状态,然后再进行无菌操作接种,防止杂菌的污染。

超净工作台是一种提供局部无尘无菌工作环境的空气净化设备,利用超净工作台接种速度快,对工作人员无害,操作更轻松。

无菌室是通过化学灭菌和空气净化的技术,达到相对洁净和无菌的空间,在此空间进行接种,可容纳的培养基多,多名工作人员可一起同时操作,接种速度快。但要经常保持无菌室的洁净。

五、菌种培养设备

主要设备有恒温培养箱、空调培养室、培养室消毒设备等。

恒温培养箱只有升温设备,没有制冷设备,主要用于母种或少量原种和栽培种在低温季节的培养。

空调培养室装有空调设备,可在任何季节和气候情况下培养菌种,可调节到菌丝需要的最佳温度进行培养,菌丝生长速度快、质量好。可用于菌种规模化生产。

六、菌种保藏设备

主要设备有冰箱、冷冻干燥器、液氮生物容器等。

主要用于菌种的保藏,以使蘑菇种质资源不遗失。

第二节　双孢蘑菇母种的生产

母种又叫一级种，可由自己分离培养获得或从专门从事菌种研究的部门购买。母种可以进行转管扩大繁殖，以增加母种数量，但是没有母种生产经验和缺乏母种质量鉴定能力的制种单位，不进行母种的生产。

一、生产工艺流程

菌种分离—培养基配制—培养基灭菌—培养基冷却—接种—菌丝体培养。

二、菌种分离

栽培双孢蘑菇的菌种最早都是从菌种分离开始的，所谓菌种分离就是从双孢蘑菇子实体收取孢子或提取组织、从双孢蘑菇生长的基质中提取菌丝进行纯化培养，从而获得纯双孢蘑菇菌丝体的菌种。双孢蘑菇菌种分离方法主要有孢子分离法、组织分离法、基质分离法三种。

(一)孢子分离法

双孢蘑菇的孢子分离法，是通过选取成熟的子实体，在无菌的条件下弹射，然后接种在适宜的培养基上萌发出菌丝，从而获得纯菌种的方法。孢子分离法可分为单孢分离法和多孢分离法两种。生产上都采用多孢分离法分离菌种，以保持菌株的原有特性，而单孢分离法主要用于菌株的筛选和杂交育种等方面。孢子分离法主要分为两个步骤：孢子采集和孢子分离(单孢分离和多孢分离)。

1. 孢子采集

(1)种菇选择：孢子采集首先要选好种菇，即采集孢子的子实体。种菇标准为第一潮的菇，出菇早，单生，菇体健壮，具典型特征的子实体。确定种菇目标后，标上记号，待子实体生长至菌膜将破时采回，进行孢子采集。

（2）孢子弹射收集：种菇采回后浸入 0.1%的升汞溶液中消毒 1 分钟，然后用镊子取出经无菌水冲洗几次，再用无菌滤纸把表面水吸干，随后用无菌刀片切短菌柄（保留1.5~2 cm），菇柄朝下插入铝线做的支架上，菇连同支架放入铺有无菌滤纸的培养皿内，盖上消过毒的玻璃钟罩。整套孢子收集装置都需经过高压灭菌消毒。把装有子实体的孢子收集器放置在 15℃~20℃的环境下，经过 24~48 小时，培养皿无菌滤纸上可见咖啡色的双孢蘑菇孢子印。

2. 孢子分离

（1）多孢分离法：即把多个孢子接种在同一培养基上，让它们萌发，共同生长交错在一起，从而获得纯菌种的方法。这种方法基本上可以保持亲本的稳定性，操作也比较容易，在双孢蘑菇制种中较常用。

（2）斜面画线法：按无菌操作规程，用无菌接种环从收到孢子的滤纸上蘸取少许孢子，在 PDA 试管斜面培养基上自上而下画线，试管塞上棉塞后，置于 24℃的恒温培养箱中培养，待孢子萌发后（15~20 小时），挑选萌发快、长势旺的菌落，转接于新的试管培养基上进行培养，培养成后即为母种。

（3）涂布分离法：按无菌操作方法，取一小块有孢子的滤纸片，放入装有无菌水的三角瓶中，充分摇均匀制成孢子悬浮液，然后用已灭菌的滴管，吸取孢子悬浮液，滴 1~2 滴到 PDA 试管或培养皿培养基上，转动试管使孢子悬浮液均匀分布在试管的斜面上，或用玻璃涂布棒将平板上的悬浮液涂布均匀。孢子在培养基上 24℃恒温培养 15~20 小时萌发后，挑选萌发快、长势旺的菌落，转接到新的试管斜面培养基上，培养成后即为母种。

（4）单孢分离法：即将采集到的孢子群单个分开进行培养，让它单独萌发菌丝而获得纯菌种的方法。单孢分离法操作比较复杂，在双孢蘑菇制种时不常用，主要用于菌株筛选和杂交育种方面。

（二）组织分离法

组织分离法是利用双孢蘑菇子实体组织来分离获得纯菌种的方法。这种分离法是一种无性繁殖的方法，类似于栽培红薯时用藤蔓做种苗的道理。这种分离法获得的菌种基本上可以保持亲本的生物学特性，且操作简单，取材广泛。具体方法如下：

1. 挑选种菇

与孢子分离法挑选种菇要求相同。

2. 菇体消毒

将子实体菇柄基部切除，放到接种箱内，用 75%酒精或升汞进行消毒。

3. 挑取组织

手术刀经酒精灯火焰灭菌后，在长菇柄部位的中心纵切一刀，后用手掰开菌盖，用接种铲在菌柄和菌盖交界处切取一小方块的组织，移接到 PDA 试管斜面培养基上，在 24℃恒温培养，待组织块上长出菌丝后，选取无污染的试管即为纯菌种。

（三）基质分离法

基质分离法是指在生长子实体的基质中进行菌丝分离，从而获得纯菌丝的方法。具体操作方法如下：

①取基质中与子实体菌根相连的菌丝体，尽可能取较干净的菌丝束。②反复用无菌水冲洗菌丝后束，用无菌的棉花吸干水分。③挑取菌丝束尖端的部分，接入加有细菌抑制剂（40mg/kg 青霉素或链霉素）的培养基中。④放在 24℃恒温条件下培养，一般如无杂菌污染，3~4 小时就可在分离物上看到绒毛状菌丝。⑤菌丝经生物学鉴定和出菇试验，确定是否为双孢蘑菇菌丝。

三、培养基制备

（一）培养基配方

双孢蘑菇母种生产常用的培养基配方为 PDA 配方：马铃薯（去皮）200 g，葡萄糖 20 g，琼脂 18~20 g，水 1000 ml。

（二）制作方法

1. 马铃薯去皮切成 1~2 mm 厚的薄片，称取 200 g，加水 1000 ml，煮沸后文火煮 30 分钟。然后用 8 层纱布过滤，滤液中加入预先浸泡拧干的琼脂，继续煮，并不断用玻璃棒搅拌直至琼脂完全溶化，加入葡萄糖搅均匀，最后用清水补足 1000 ml 的水，即可进行分装。

2. 培养基分装

煮好的培养基应趁热分装入试管。用玻璃漏斗夹在滴定架上，下接一段乳胶管，用弹簧夹夹住胶管，左手握试管，右手控制培养基流量，每支试管装培养基量为试管长度的 1/4 左右。

3. 试管塞棉塞

用手把棉絮做成棉塞塞入试管，塞入试管中的部分约2cm，外露部分为棉塞总长的 1/3 左右，棉塞的松紧度以手提棉花塞试管不脱落为度。

4. 培养基灭菌

将分装好的试管培养基用纱布每 10 根包扎成一捆，棉塞用牛皮纸包住，防止灭菌时湿了棉塞。随后放入手提式高压灭菌锅中进行灭菌，灭菌温度达到 121℃时保持 30 分钟（具体操作按高压锅操作指南），后停火自然降压至 0 时，打开高压锅盖。

5. 培养基摆斜面冷却

将灭菌后的试管趁热放入摆斜面木框内的木条上，使试管呈斜面状，试管培养基的斜面长度为试管长度的 2/3，摆好斜面后试管上面盖一层保温棉被，防止试管冷却太快，产生太多的冷凝水。

6. 灭菌效果检验

随机抽取数根灭菌后试管培养基，放到 25℃~30℃下空白培养 3 天，经检查没有污染杂菌后，才能接入双孢蘑菇菌种。

7. 接种

接种前把培养基、接种工具、菌种等放入接种箱进行消毒，然后按照无菌操作规程进行接种，具体操作方法可参考无菌操作规程。

8. 贴标签和菌丝体培养

试管接种后，在接种箱内每支试管上都要贴上标签，写明菌种编号、接种日期，然后取出试管放入 24℃的条件下培养。菌丝长满试管斜面后就可以使用,转接到原种培养基上生产原种。

9. 杂菌检查和质量鉴定

在培养过程中要定期检查杂菌污染情况,及时挑出污染的试管,菌丝体长满试管后,要对菌丝体的质量进行鉴定,剔除菌丝弱的试管。

第三节　双孢蘑菇原种的生产

原种又叫二级种,由母种繁殖而来,用来繁殖栽培种(三级种)。

一、生产工艺流程

母种准备—培养基配方—培养基拌料—培养基装瓶—洗瓶口和外壁—瓶口塞棉塞—培养基灭菌—培养基冷却—接种—贴标签和菌丝体培养—杂菌污染检查和菌种质量鉴定。

二、母种准备

一般一支试管母种可接 5 瓶左右原种,根据原种生产数量提前准备好母种。

三、培养基配方

双孢蘑菇原种生产常用的培养基配方如下:

(一)粪草培养基

发酵后的麦草(稻草)72%,发酵牛粪粉 20%,麸皮5%,糖 1%,碳酸钙 1%,石膏 1%。含水量 62%~65%。

(二)牛粪粉培养基

发酵牛粪粉 98%,碳酸钙 2%。含水量 62%~65%。

（三）棉子壳培养基

发酵棉子壳 92%，麸皮 5%，碳酸钙 2%，石灰 1%。含水量 62%~65%。

（四）小麦培养基

小麦 97%，碳酸钙 2%，石膏 1%。含水量 50%~55%，pH值 7.0 左右。

四、培养基制作

（一）粪草培养基制作

把发酵麦草切成 2~3 cm 长，按配方比例加入牛粪粉、石膏、碳酸钙，充分拌均匀，糖溶解于水中加入培养基，培养基水分调至 62%~65%，即用手指紧压培养基可见水但不滴，培养基拌均匀后就可以装瓶。

（二）牛粪粉培养基制作

牛粪粉经发酵晒干后粉碎过筛，按配方比例加入碳酸钙，用 1% 石灰水调整含水量至 62%~65%，pH 值 8.5 左右，堆成一堆，待堆中培养基水分平衡后，再搅拌均匀进行装瓶。

（三）棉子壳培养基制作

1. 棉子壳发酵

棉子壳 77%，牛粪粉 20%，石膏 1%，碳酸钙 2%，混合均匀后加水到含水量达 70%，进行建堆发酵，一般堆宽 1.5 m，高 1.2~1.5 m，当料温达到 70℃左右时进行翻堆，一般 3~4 天翻一次堆，每次翻堆时，用 1% 的石灰水补充水分，含水量控制在 65%~70%，经过 4~5 次翻堆，棉子壳中长满大量白色高温放线菌而堆肥腐熟后，晒干备用。

2. 配制

按配方比例称取发酵棉子壳和碳酸钙、麸皮，混合均匀,加入 1% 的石灰水,调整培养基的含水量达 62%~65%,堆成一堆让培养基水分平衡,装瓶前再拌均匀。

3. 麦粒培养基制作

按配方称取麦粒,将麦粒浸泡在 2% 的石灰水中,石灰水的 pH 值为 11,一般夏天浸泡 10~12 小时,春天浸泡 16~18 小时,麦粒浸泡至透心后,把麦粒捞起来用清水冲洗干净,至 pH 值为 8,然后将麦粒放入沸水中煮至熟而不烂时为止,煮熟后捞起滤干水,后推开晾干,再加入碳酸钙和石膏拌均匀后装瓶。

五、培养基装瓶

装瓶就是把配制好的培养基装入菌种瓶中,一般装至瓶肩处,粪草、棉子壳培养基要求把培养基稍压实,麦粒培养基装好瓶后,要在培养基表面盖一层粪草培养基或牛粪培养基,叫做菌种过桥料,可防止麦粒散动,有利于快速萌发定植、阻止杂菌和麦粒接触,减少杂菌污染。培养基装好瓶后,要把瓶口、瓶内外壁用清水洗干净。

六、瓶口塞棉塞

培养基装好瓶,待瓶口水干后,塞上棉塞,棉塞塞入瓶口长度为 3 cm 左右,松紧度以手提棉塞菌种瓶不脱落为准。

七、培养基灭菌

为了灭菌彻底,原种灭菌采用高压灭菌锅进行灭菌,当高压灭菌锅压力达到 1.5 kg/cm²,温度为 124℃~126℃时,保持2~2.5 小时,高压灭菌锅的操作程序参照高压灭菌锅说明书。

八、培养基冷却

培养基灭菌后,把培养基移入冷却室进行冷却,冷却室要求干净卫生,经常消毒,冷却过程中要防止二次污染。培养基冷却至 28℃以下时就可以开始接种。

九、接种

接种要在接种箱、无菌操作工作台、无菌室内进行,按无菌操作规程进行操作,具体要求同母种接种。

十、贴标签和菌丝体培养

接种后要及时贴上标签,写明菌号和接种日期。原种菌丝体培养要放在专门的菌种培养室内,培养室要经常消毒,保持卫生,培养温度为 22℃~24℃,每天通风 15 分钟,空气相对湿度控制在 75%以下。

十一、杂菌检查和质量鉴定

原种培养过程中要定期检查杂菌污染情况,及时剔除杂菌污染的菌种瓶,菌种长满菌种瓶后,要对原种进行质量鉴定,剔除菌丝生活力弱的菌种。

第四节　双孢蘑菇栽培种的生产

栽培种又叫三级种,由原种扩大繁殖而来,目的是解决双孢蘑菇生产所需大量的菌种需求。

生产工艺流程和原种生产相同。

根据栽培种生产的数量,提前准备好原种,一般一瓶原种可扩大繁殖 40~50 瓶栽培种。

培养基配方和原种生产的培养基配方基本相同,但目前基本不用粪草培养基来生产栽培种。

培养基制作、装瓶(袋)、塞棉塞等和原种生产相同。

培养基灭菌和原种培养基灭菌相同,还可以利用平压灭菌灶来灭菌。平压灭菌灶灭菌方法是:温度达到 100℃时保持 10 小时以上,然后焖一夜。但麦粒培养基不采用平压灭菌的方法灭菌。

培养基冷却方法和原种相同。

接种要求和方法与原种一样,只不过栽培种接入的是原种。

贴标签和菌丝体培养和原种要求相同。

杂菌检查和质量鉴定和原种要求相同。

第五节　双孢蘑菇菌种的保藏

双孢蘑菇菌种常常出现退化现象,主要是原来的优良性状丧失,出现生活率、产量、质量等下降的现象,菌种保藏的目的就是使菌种的退化降低到最小水平,使菌种在较长期的保藏后仍然保持原有的生活力、优良的性能、原有的形态特征,不污染杂菌和害虫。

菌种的变异速度和其新陈代谢活动速度关联,菌种保藏的原理是:通过低温、干燥、隔绝空气和隔绝营养等手段,以最大限度地降低菌种的新陈代谢强度,抑制菌丝的生长繁殖。常用的菌种保藏方法有:

一、PDA 培养基斜面试管冰箱保藏法

这是双孢蘑菇菌种的一种短期保藏方法,一般用 PDA 培养基。当双孢蘑菇菌丝长满试管后,挑取没有污染的试管,棉塞用硫酸纸包扎后放置到 4℃的冰箱中保藏,一般 2~3 个月转管一次。

二、粪草培养基试管冰箱保藏法

将粪草培养基装入试管,经高压灭菌后,接入菌种,菌

丝长满管后,挑取菌丝生长正常无污染的试管,棉花塞用硫酸纸包扎后放入2℃~4℃的冰箱中保藏,一般2~3年转管一次。

三、液体石蜡保藏法

液体石蜡可防止培养基水分蒸发,隔绝菌丝与空气接触,抑制菌丝的新陈代谢,尽可能使菌丝处在休眠状态,延长菌丝的保藏期,一般可保藏5~7年,是一种中长期的菌种保藏法。方法是将经过灭菌除水的液体石蜡用无菌吸管吸到长满菌丝的试管斜面上,液体石蜡要高出斜面尖端1cm左右,然后用无毒泡沫试管塞塞好,放在室温中保藏。

四、滤纸保藏法

采用孢子分离法收集孢子,将蘑菇孢子吸附在滤纸上,然后用无菌镊子将滤纸在无菌操作条件下移入无菌试管中,再将试管放在真空的干燥器中3~4小时,除去滤纸片中的水分,使之充分干燥,随后把试管口封好,放在冰箱中保藏。

五、真空冷冻干燥保藏法

简称冻干法,就是先把双孢蘑菇孢子速冻,然后在真空条件下使孢子升华而排出水分,孢子处于休眠状态,这是一种长期保藏蘑菇孢子的方法。经冻干处理和检查合格后的孢子瓶,放到2℃~8℃的冰箱中保藏,一般可保藏8~10年。

六、液氮超低温保藏法

此种方法是把菌种装入冷冻保护剂的瓶内,将该瓶放入液氮(-196℃)中进行保藏。由于菌丝体处于-196℃,其新陈代谢降低到完全停止的状态,所以不需定期移植。经大量试验证明,用液氮保种是菌种长期保藏的最有效、最可靠的方法。

第六节 双孢蘑菇菌种的质量标准

一、双孢蘑菇菌种质量标准

（一）母种

在同一培养基上具有原菌株的菌落形态特征，无病虫害杂菌，菌丝洁白，生长健壮有力，边缘整齐，不发黄，不老化，长满试管斜面后使用。

（二）原种

菌丝洁白粗壮浓密，均匀布满瓶内，外观颜色一致，无不均匀斑，培养基转为淡棕黄色，有蘑菇特有的香味，菌丝不萎缩，不发黄，未感染病虫杂菌，生活力强，40~50 天长满瓶，在长满瓶后 10 天左右使用。

（三）栽培种

菌丝洁白、玉米黄，粗壮有力，均匀布满瓶内，外观颜色大体一致，无明显不均匀斑，培养基呈淡棕黄色，有蘑菇特有的香味，无污染病虫和杂菌，培养基不萎缩，不吐黄水，30~45 天长满瓶，菌丝长满瓶后 15 天使用。

第八章　菌草栽培双孢蘑菇的
生产实践

第一节　栽培季节安排

一、双孢蘑菇栽培季节安排的原则和方法

我国西北经济较不发达，贫困人口多，农民经济条件差，双孢蘑菇生产往往是作为扶贫项目来实施的。在西北栽培双孢蘑菇都是利用当地的地理自然气候条件来组织生产，所以生产季节安排就显得非常重要。生产季节安排是否科学，会影响到农民栽培双孢蘑菇的收益，甚至直接影响到栽培的成功与否。

双孢蘑菇栽培季节安排的原则和方法是：根据蘑菇菌丝体生长和子实体形成生长对温度条件的要求和当地不同季节的温度变化规律，从中找出当地双孢蘑菇生长的最佳生长季节，趋利避害，达到高产的目的。

以气象学有关原理和双孢蘑菇的生物学特性为依据，通过与"候平均气温曲线图"科学地结合，充分利用当地特有的气候资源科学安排各地菇类的生产季节，达到安全优质生产的目的。

要正确安排当地双孢蘑菇生产的季节,必须收集到当地10年的候平均气温资料,然后按下面的方法来确定生产季节:首先,画出当地气温变化的候平均温度曲线图。其次,了解适宜的温度范围。双孢蘑菇菌丝生长的温度范围是5℃~33℃,最适宜温度是22℃~26℃;子实体形成发育的温度范围是4℃~22℃,最适宜温度是14℃~16℃,在候平均温度曲线图中找出适宜双孢蘑菇子实体生长的开始日期。再次,从适宜双孢蘑菇子实体生长的开始日期往前推70天左右,确定双孢蘑菇堆肥发酵的日期,并据此安排菌种生产日期。

二、宁夏双孢蘑菇栽培生产季节安排的研究

(一)宁夏的地理和气候概况

宁夏地理气候环境特殊,区内南北气候悬殊,宁夏地处我国西北,西邻腾格里沙漠,东接毛乌素沙地,南处黄土高原地带,深居内陆,位于北纬35℃~39℃,海拔1100~3000 m,植被少,雨雪稀缺,荒漠化严重。

宁夏属于中温带大陆性气候,干旱少雨,气候干燥,年平均气温5℃~9℃,年平均降水量:中北部170~200 mm,南部350~600 mm,年平均蒸发量1100~2300 mm,年平均日照时数2200~3000小时。南北不同,南凉北暖,南湿北干,春暖快,秋凉早。夏天极端高温近40℃,冬季极端低温-20℃以下,早晚温差大。宁夏各月份气温情况见表8-1。

宁夏南部山区海拔高,地处六盘山的部分县属于阴湿和半阴湿气候区,降水较多,7~9月份为雨季,7月中旬至8月中旬为全年最高温季节,但30℃以上气温时间只有十几天,且每天高温时间集中在中午的几个小时,5~10月适宜双孢蘑菇栽培。中北部地区降水少,属于干旱荒漠气候区,7月

表 8-1　宁夏各月份气温变化表

月份	平均气温(℃)	最高气温(℃)	最低气温(℃)
1	-8.8	3.7	-22.3
2	-4.3	10.5	-19.4
3	-2	14.6	-11.6
4	11	25	-1.3
5	17.4	30.5	5.4
6	21.5	32.4	9.5
7	23.4	33.3	13.4
8	21	30.9	10.3
9	16	29.3	5.9
10	9.6	23.3	-1.6
11	1.1	1.7	-7.9
12	-3.3	12.8	-12.2

上旬至 8 月下旬为全年高温季节,4~6 月和 9~11 月适宜双孢蘑菇栽培,7~8 月如利用特殊栽培菇房能正常出菇。宁夏冬季(11 月至翌年 3 月份)利用日光温棚栽培双孢蘑菇能正常生长。

(二)宁夏双孢蘑菇栽培季节安排方法

图 8-1 是宁夏永宁县 2008 年的候平均温度曲线图。

候平均温度曲线图显示,永宁县蘑菇生长最适宜的月份是 4 月中旬至 6 月上旬和 9 月中旬至 10 月中旬,蘑菇出菇期为 3 月下旬至 6 月中旬和 9 月上旬至 10 月下旬。建堆时间为 7 月上旬。

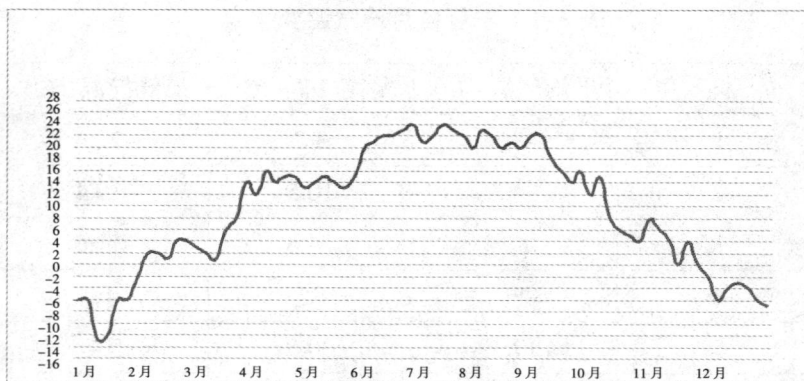

图 8-1 宁夏永宁县候平均温度曲线图

根据宁夏荒漠化地区气候条件,我们经过多年的研究,各县比较合理的季节安排如下:

表 8-2 宁夏各县双孢蘑菇栽培季节安排

地点	建堆时间	播种时间	出菇时间	备注
南部六盘山区:(1)	4 月	5 月	6~10 月	
各县(A)(2)	5~6 月	6~7 月	8~10 月和翌年 5~6 月	
东部鄂尔多斯台地:(1)	4 月	5 月	6~11 月	
盐池县(B)(2)	6 月	7 月	8 月~翌年 5 月	日光温棚
中北部河套地区:(1)	7 月	8 月	9~11 月和翌年 4~6 月	
各县(C)(2)	8 月	9 月	11 月~翌年 5 月	日光温棚

在 4 月建堆的,为保证料堆升温,采取保温增温措施。11 月至翌年 5 月利用日光温棚出菇的,采用菇菜结合栽培,提高菇房内的温度。

(三)宁夏双孢蘑菇栽培季节安排研究结果

表 8-3　宁夏各地区菌草栽培双孢蘑菇生产季节安排

设计	单产(kg/m²)	蘑菇质量	病虫害情况
A1	5~8	一般,薄菇多,易开伞,斑点菇多	菇蚊危害严重,菌丝体易老化退菌
A2	8~12	质量好,子实体不易开伞	病虫害发生少,菌丝生活力强
B1	8~13	一般,薄菇多	易发生菇蚊危害
B2	8~13	质量好,菇体大、盖厚	易发生菇蚊危害
C1	8~12	质量好,子实体不易开伞	病虫害发生少,菌丝生活力强
C2	8~13	质量好,子实体不易开伞	易发生菇蚊危害

1. 南部六盘山区各县

4 月建堆,5 月播种,6~10 月出菇的,前期低温堆肥发酵较困难,虽然连续出菇时间较长,但由于中间遇 7~8 月的夏季高温,出菇管理难度大,子实体质量较差,小菇蕾易死亡,病虫害发生严重,管理上如稍有不慎,菌丝体会退菌死亡,产量不稳定,菇农间产量不平衡,单产悬殊大。5~6 月建堆,6~7 月播种,8~10 月和翌年 5~6 月出菇的,建堆时气温较高,有利于堆肥发酵,出菇避开了夏季最高温时间,使子实体能正常生长发育,病虫害发生少,蘑菇质量好,菌丝体生活力强,在秋季 8~10 月出菇结束后,每平方米单产可达 5~10 kg,菌丝体经过越冬休息、积累营养,到第二年 5~6 月继续出菇,春菇产量每平方米可达 2.5kg 以上。

2.东部鄂尔多斯台地的盐池县

4 月建堆,5 月播种,6~11 月出菇的,虽然前期低温建堆不利于堆肥发酵,出菇期间也遇夏季高温,但由于是荒漠干旱地带,降雨少,日夜温差和室内温差大,空气相对湿度低,用水降温效果好,白天室外气温在30℃以上时,通过水调温和通风管理,菇房内温度能控制在22℃以下,双孢蘑菇能正常出菇,病虫害发生量少,菌丝体不退化,死菇少,产量比较均衡。6月建堆,7月播种,8月至翌年5月出菇的,主要是采用日光温棚,冬天在同一菇房内,前面种菜后面种菇,进行菇菜结合栽培,白天利用日光能,使菜棚内温度达到20℃以上,菇房内温度达到15℃以上,晚上菇房顶加盖草帘,菇房内的温度保持在8℃~12℃,即使菇房外气温在-20℃以下,蘑菇也还能正常生长。同时利用蔬菜光合作用产生的氧气提供给蘑菇生长,双孢蘑菇呼吸作用产生的二氧化碳提供给蔬菜进行光合作用,形成菇房内气体良性循环。整个出菇期间,温度较适宜,子实体产量高,品质好。但由于菜棚内高温、高湿,害虫多,易造成菇房内虫害的发生。

3. 中北部河套地区各县

在7月建堆,8月播种,9~11月出菇和第二年4~6月出菇的,建堆期间气温高,堆肥发酵好,出菇期间气温下降,适宜蘑菇子实体的生长发育,整个秋季能收获总产量的2/3,蘑菇的品质好,病虫害少。菌丝体经越冬休息后积累营养,生活力增强,春菇产量能收获总产量的1/3。出菇期间的管理类似于南方各产区的管理,难度不大。8月建堆,9月播种,11月至翌年5月出菇的也是利用日光温棚,在同一菇房内进行菇菜结合栽培,出菇管理和子实体生长情况与盐池县相同。

4月建堆,5月播种,6~10月出菇的,由于南方主要产区双孢蘑菇不能生产,鲜菇的价格高,但在堆肥发酵时,一定要采取保温增温措施,才能发酵出优质的堆肥,出菇期间要掌握好通风喷水的技巧和做好病虫害防治工作,防治死菇、菇蝇危害、菌丝退化死亡等,才能取得高产。可考虑在建菇房时,尽量搭高,墙体加厚,菇房顶覆盖物加厚,增强菇房的隔热和排热性能,创造有利于蘑菇生长发育的小环境。

5~6月建堆,6~7月播种,8~10月和翌年5~6月出菇的,以及在7月建堆,8月播种,9~11月和翌年4~6月出菇的,由于堆肥发酵时气温高,都能发酵出优质堆肥,出菇期间气温降低,适宜双孢蘑菇子实体的生长发育,病虫害也少,两季出菇期间合计也不短,有利于高产优质,是比较符合双孢蘑菇生长发育规律的,是宁夏栽培双孢蘑菇最安全的生产季节。

8月建堆,9月播种,11月至翌年5月利用日光温棚出菇的,由于西北地区冬季蔬菜价格高,菇少,双孢蘑菇单价高,可丰富当地市民的菜篮子,出菇期间菇房内温度能满足双孢蘑菇生长发育的要求,但要做好蔬菜棚与菇房间的隔离,防止菜棚内的害虫飞入菇房,还应加强病虫害的防治工作。可考虑在堆肥和覆土中拌入高效低毒的杀虫剂,菜棚与菇房之间通风口用纱窗网隔离。

通过候平均气温曲线图法,把食(药)用菌生物学特性和宁夏当地气候的变化规律科学地结合起来,趋利避害,充分利用各地气候资源和现代农业科技手段,科学地安排各地双孢蘑菇生产季节,使菌草栽培双孢蘑菇能够从季节性栽培发展成为全年栽培,并实现高产和稳产,科学地解决了宁夏在自然条件下双孢蘑菇生产中季节安排的技术难题。

宁夏、甘肃、青海、新疆等省(区)的海拔在 1400 m 以上的高海拔地区,栽培双孢蘑菇,适合在夏秋季出菇,堆肥的发酵时间宜在 3~5 月,4~6 月播种。海拔在 1000~1400 m 的地区,进行秋春季栽培的,堆肥发酵时间宜在 6~7 月,7~8 月播种。北方和西北地区冬季利用日光温棚进行栽培的,堆肥发酵时间在 8~9 月,9~10 月播种。

第二节 栽培工艺流程

菌草栽培双孢蘑菇的程序可分 9 个阶段:备料、菇房搭建、堆肥发酵、播种及菌丝体培养、覆土及土层菌丝培养、子实体原基诱导、子实体成长管理、采收、病虫害及其防治。

表 8-4 双孢蘑菇栽培管理的内容、操作方法和时间表

	管理内容	操作方法和条件	天数	说明
1		备料		
	备　料	堆制前准备好堆肥配方需要的各种原材料及其他原料,要求数量足、质量好	堆料前30天	
2		菇房搭建		
	菇房搭建	在卫生条件好,有水、电,交通方便、地势开阔的地方,按标准要求搭建菇房		坐北朝南、通风、不积水,菇房宽不能超过10m
3		堆肥配制		
	堆肥配方	草、牛粪及各种辅助材料按一定比例搭配,每平方米用干料25kg以上。		配方碳氮比要求达到30~33:1
	预　湿	在水泥地上草粪提前加水预湿	3 天	草充分吸水

续表

	管理内容	操作方法和条件	天数	说明
	一次发酵	在水泥地上草粪混合建堆、翻堆,添加其他辅助材料、水分,最高温度要求达到75℃	15~25天	水分要足,翻堆要均匀,翻3~4次
	二次发酵	在菇房菇床上铺料,在规定的条件下进行巴氏消毒和培养有益微生物	5~7天	巴氏消毒温度60℃~62℃,8~10小时,腐熟温度48℃~53℃
4	播种及菌丝体培养			
	播　种	在发酵好的堆肥上均匀播上菌种	当天	堆肥无氨味,pH值7.5,含水量65%左右
	菌丝生长	在22℃~26℃适温下使菌丝在堆肥中全面蔓延生长	14~20天	前期空气相对湿度较高,后逐渐降至70%~75%
5	覆土及促进菌丝生长			
	覆　土	土加水用碳酸钙、石灰调节pH值,用消毒剂杀菌杀虫,在菌丝长透的堆肥上覆盖3~4 cm厚的土	<1天	选用泥炭土、壤土为好,要求微生物少、分2~3次覆土
	覆土层的菌丝生长	覆土调足水,使菌丝往土层蔓延生长,均匀长透	10~14天	减少通风量
6	催蕾			
		菌丝长透土层后温度降到16℃,二氧化碳浓度降为0.03%~0.1%,促使菌丝体由营养生长过渡到生殖生长,扭结原基形成小菇蕾	10~14天	通风、降温、增湿

续表

	管理内容	操作方法和条件	天数	说明
7		子实体成长管理		
		菇蕾形成后温度控制在14℃~18℃,子实体长至黄豆大小时喷重水至饱和,加强通风,使小菇蕾发育长大	7~10天	通风、降温、增湿
8		采　　收		
		按市场需求在子实体尚未开伞时采收		
9		病虫害防治		
		做好堆肥发酵、覆土消毒、菇房消毒卫生、通风等预防工作,减少病虫害发生,发生病虫害时用高效低毒农药防治	栽培的全过程	预防为主,药物为辅

第三节　菇房设计和建设

在自然条件下栽培双孢蘑菇,很重要的一项措施就是根据双孢蘑菇的生物学特性,通过设计科学经济的菇房,创造双孢蘑菇生长发育的小气候环境。菇房设计和建设的好坏,将对双孢蘑菇生长发育,杂菌及病虫的防治,蘑菇的产量、品质等产生重要的影响。

一、菇房设计的原则

根据双孢蘑菇生长发育对温度、湿度、空气、光线等环境条件的要求,提供适合蘑菇生长发育的小气候;依据当地的气候条件,趋利避害,以利用和发挥当地的气候优势;投资少,可使用时间长;管理方便,降低劳动强度。

二、建菇房地点的要求

菇房的地点必须选在交通方便,有水、电,地势高,环境卫生好,不积水,周围开阔,远离鸡场、牧场的地方。

三、菇房的类型

目前世界各国双孢蘑菇的菇房差异很大,由于各地经济条件、生产方式、生产水平、气候条件等方面的不同,所采用的菇房类型也不同,欧美发达国家,如美国、荷兰、意大利等国,双孢蘑菇大都进行工厂化栽培,机械化、集约化程度较高,菇房内的温度、湿度、通风等都采用智能化控制,菇房建筑材料采用保温耐用、不易长杂菌、易清洗消毒的材料,菇房建造采用流水线标准化设计。在一个菇房内周年连续出菇,菇房投资大。

我国由于气候、材料来源、经济条件等的差异,各地菇房的结构与建造方法不同,有砖竹结构的菇房,此类菇房坚固耐用,虽然一次性投资大,但使用时间较长,菇房每年分摊的成本低;有干打垒或利用日光温棚的菇房,这种菇房保温、保湿好,冬暖夏凉,成本低。我国西北地区由于气候和经济方面的原因,栽培双孢蘑菇大部分采用干打垒建的菇房或日光温棚菇房。

四、菇房的规格

菇房的规格应根据栽培地的实际情况而定。在我国西北地区菇农小型菇房面积以 160~220 m² 为好。

规格:菇房长 15~20 m,宽 7~10 m,墙南北高 3.0 m,东西顶高 3.5 m。

走道:主走道设在南面,宽 1m,菇床架之间走道宽 0.8 m。

菇床架:4~5 层,菇床宽 1.0~1.2 m,层间距离 0.6 m,顶层离房顶距离 1 m 以上,底层离地面 0.3 m。

立柱:每间隔 1.5 m 左右树一根立柱。

菇床架铺底物用尼龙渔网为好。

菇房顶覆盖物分三层,先盖一层能吸水的草或芦苇,防止滴水,第二层盖塑料薄膜,第三层盖草帘,草帘要盖至不透光,防强光照射,保温、保湿。

菇房与菇房之间距离:8~10 m。

在南面中间或两端开门 1~2 个,门宽 1 m。

通风窗规格:40 cm×46 cm。朝南和朝北墙开通气窗,对着床架间的走道开南北对流窗,一般一层床架南北各开一个通风窗。天窗即菇房顶窗,每条走道的屋顶开一个天窗,并设拔风筒,筒高 1~1.6 m,直径 0.3~0.4 m。

五、宁夏双孢蘑菇菇房建设的研究

根据笔者十几年来在西北开展菌草栽培双孢蘑菇技术的试验示范和应用的实践,结合当地的气候条件和生产季节,对双孢蘑菇菇房的设计建设开展了多年的研究,取得了显著的成果,现将宁夏双孢蘑菇菇房设计建设和应用效果介绍如下:

宁夏地区气候干旱少雨,空气湿度低,气温高低起伏变化大,与我国东南地区双孢蘑菇生产区的气候条件相差悬殊,按我国东南地区的菇房构造模式来栽培双孢蘑菇效果差。我们结合当地的地理气候及经济条件,对菇房的构造进行了研究。具体方案是:

(一)建菇房采用的材料

竹竿、木椽、水泥柱、塑料薄膜、草帘、铁丝、尼龙绳、砖、泥土等。

(二)设计

1. 六盘山地区夏秋季出菇菇房的设计

(1)坐北朝南,长 16 m,宽 7 m,北墙高 2.5 m,南墙高 2.1 m,顶一边出水,菇房内地面下沉 0.5 m,主走道靠南墙,搭 4 层菇床。

(2)坐北朝南,长 16 m,宽 7 m,北墙高 2.4 m,南墙高 2 m,东西侧墙高 2.8 m,顶不对称向南北两边出水,菇房内地面下沉 0.5 m,主走道中间偏北开,走道北面搭 3 层菇床,走道南面搭 2 层菇床。

(3)坐北朝南,长 16 m,宽 7 m。南北墙高 3.2 m,东西墙脊高 3.8 m,顶南北两边出水;菇房内地面略高于地面或与地面相平;主走道靠南墙,搭 4 层菇床,菇房顶设拔风筒。

2. 永宁、红寺堡、海原等春秋季出菇菇房的设计

(1)坐北朝南,长 16 m,宽 7 m,北墙高 3.2 m,南墙高 2.8 m,顶向南一边出水,菇房内地面不下沉,主走道靠南墙,搭 4 层菇床。

(2)坐北朝南,长 16 m,宽 7 m,北墙高 2.5 m,南墙高 2.1 m,顶向南一边出水,菇房内地面下沉 0.5 m,主走道靠南墙,搭 4 层菇床。

(3)蔬菜日光温棚式菇房:规格和搭建方法如蔬菜日光温棚,菇房内设 4 层菇床,主走道靠南面开,顶部加盖一层黑膜。

3. 盐池县冬季出菇菇房的设计

(1)在蔬菜日光温棚后搭建菇房,南(前)墙利用日光温棚后墙,菇房宽 4 m,后(北)墙高 2.2 m,主走道靠北墙,搭 3 层

菇床,在日光温棚后墙开通气窗,引日光温棚内热气进菇房。

(2)在蔬菜日光温棚内搭建菇床,菇床设 3~4 层,主走道靠南面开,顶部加盖一层黑膜。

4. 盐池县春夏秋季出菇菇房的设计

(1)在蔬菜日光温棚后搭建菇房,南(前)墙利用日光温棚后墙,菇房宽 4 m,后(北)墙高 2.2 m,主走道靠北墙,搭 3 层菇床,前面日光温棚薄膜不覆盖。

(2)坐北朝南,长 16 m,宽 7 m,北墙高 3.2 m,南墙高 2.8 m,顶向南一边出水,菇房内地面不下沉,主走道靠南墙,搭 4 层菇床。

(3)蔬菜日光温棚式菇房:规格和搭建方法同蔬菜日光温棚,菇房内设 3~4 层菇床,主走道靠南面开,顶部加盖一层黑膜。

以上各类菇房,东西主走道宽 1 m 以上;床架间走道宽 0.8 m;床架宽 1.2 m,底层离地面高 0.3 m,顶层离菇房顶高 1 m 以上,中间各层间距高度为 0.6 m,菇房顶均盖薄膜后加盖草帘等保温隔热材料,在走道设通风孔。

(三)结果

根据蘑菇出菇条件的要求,以上各种菇房的设计除了 1(2)外,菇房内基本温度都能符合,但不同菇房内的顶层和底层的温度悬殊大。

1(1)号菇房由于设计为 4 层,顶层离菇房顶太近,夏季高温易死菇。3(1)号菇房原计划引日光温棚内热气进菇房,但抽气后引起菜棚内温度急剧下降,影响蔬菜的正常生长,同时进菇房内的热气量也不够,造成冬季菇房内温度不能满足菇的生长,甚至床面结冰。

表8-5　各种菇房蘑菇情况表

菇房设计序号	出菇时间	出菇时菇房内温度(℃)	出菇时菇房内空气湿度	菇生长情况	备　注
1(1)	6~9月	8~24	70%以上	底层出菇少，顶层易死菇	
1(2)	6~9月	10~26	70%以上	出菇不理想	投资省
1(3)	6~9月	8~24	70%以上	出菇好	冬季不出菇
2(1)	9月~翌年6月	7~24	70%以上	出菇好	冬季不出菇
2(2)	9月~翌年6月	7~26	70%以上	底层出菇少	冬季不出菇
2(3)	9月~翌年6月	8~24	70%以上	出菇好，出菇时间长	在1~2月菇房内温度5℃以下时不出菇
3(1)	11月~翌年4月	15以下	70%以上	出菇少	
3(2)	11月~翌年4月	5~23	70%以上	出菇正常	在1~2月菇房内温度5℃以下时不出菇
4(1)	4~11月	7~23	70%以上	出菇正常	通风较差
4(2)	4~11月	7~26	70%以上	出菇好	
4(3)	4~11月	8~24	70%以上	出菇好	

　　以上各种菇房内部的空气相对湿度通过通风控制和人工喷水都能满足菇生长的需要。

　　以上各种菇房内部通气情况差异较大，1(1)号的设计和2(2)号的设计由于菇房内地面下沉，底层通气不良，二氧化碳气体沉积到下层，影响了下层菇的生长。1(2)号设计当时考虑减少菇农菇房投资的成本，降低菇房内高度，减少层数和搭菇房的材料，菇房矮了，造成通风不良和菇房内温度升高，增加了出菇管理难度并影响了产量。

实践证明,六盘山区夏秋季栽培采用 1(3)号菇房为好。菇房墙体加高,菇房顶设通气窗,既降低了菇房内温度,又改善了菇房内通风状况,使每层菇床出菇一致,产量高。永宁县、红寺堡、海原县、盐池县等地春秋季出菇采用 2(1)号菇房,菇房顶一边出水,有利于防止大风掀顶,同时菇房内温度和通风状况都能满足当时出菇的条件,产量高;2(3)号菇房内各层的温度和通风情况都适宜菇的生长,且产量高。盐池县春、夏、秋三季出菇采用 4(2)号和 4(3)号设计菇房都好,菇房内各层的温度和通风情况都适宜菇的生长,且产量高。如有条件的,采用 4(1)号菇房,可少打一面墙,且菇房内温度更理想。盐池县冬季出菇采用 3(2)号菇房为好,冬季出菇时间长。

第四节　菇房消毒

菇房是双孢蘑菇生长发育的地方, 是双孢蘑菇完成整个营养生长和生殖生长的场所, 同时也是双孢蘑菇竞争性微生物和害虫孳生的场所, 是双孢蘑菇栽培者工作和获取收益的生产车间。菇房的环境卫生、洁净程度,直接关系双孢蘑菇栽培的成败与效益,特别是使用多年的旧菇房,杂菌与害虫比较多,对双孢蘑菇栽培的产量和质量影响很大。

一个栽培周期结束后, 在拆料前要先进行一次彻底的熏蒸消毒。以预防或减轻细菌、真菌、病毒等杂菌,菇蝇、菇蚊、螨虫、线虫等害虫对双孢蘑菇的危害。根据试验结果,大多数真菌的菌丝和孢子在 65℃条件下即被杀死,而昆虫、线虫和螨虫在 55℃温度下死亡,可以用高温蒸汽来消毒,在菇房内通入蒸汽,使菇房的蒸汽温度达到 70℃,密闭 12 小时,使菇房内的整个培养基、覆土、菇床和空间都得到消毒。拆料后应把废料运送至远离菇房的地方,菇房内的菇床、地面和墙壁都要再进行彻底消毒。

菇房的消毒方法。

新菇房的消毒:用敌敌畏、甲醛熏蒸一次。

旧菇房消毒:及时清除前一次栽培的废菌料;菇房内外打扫干净;菇房顶和四周可掀盖的菇房,掀卷起菇房顶和四周的覆盖物让太阳暴晒;菇房空间消毒的农药品种和使用浓度 2%~5%的漂白粉、1:800 倍液的多菌灵、1:500 倍液的甲基托布津、1:500 倍液的敌敌畏、1:3000 倍液的锐劲特等杀菌剂和杀虫剂各选一种喷洒;进料前,菇房用甲醛、敌敌畏等药物熏蒸。

双孢蘑菇菇房一般应选高效低毒的杀虫剂和杀菌剂。

第五节　栽培原辅材料准备

根据双孢蘑菇对营养的要求,可以分为碳素营养、氮素营养和无机盐类营养三大类。根据双孢蘑菇栽培配方中各种营养所需,又可分主要原料和辅助材料。在自然界中几乎所有的植物性原料都可用来制造堆肥栽培双孢蘑菇。在堆肥进行发酵前一个月,应先准备好栽培所需的各种原辅材料,并要保证质量。

一、主要原辅材料

（一）主要提供碳素营养的原料

我国栽培双孢蘑菇常用的、营养成分中碳素营养远远多于氮素营养的主要原料有：

1. 农作物秸秆

主要种类是稻草、麦草、玉米秆、高粱秆、玉米芯、棉花秆、棉子壳、小米草等。

2. 人工栽培的菌草

象草、巨菌草、拟高粱、苏丹草、苜蓿等。

(二)主要提供氮素营养和促进发酵的原料

我国栽培双孢蘑菇常用的、营养成分中氮素营养相对多的主要原料有：

1. 禽畜的粪肥

马粪、牛粪、羊粪、鸡粪、猪粪等。主要作用是提供氮源和增加发酵的微生物，有利于培养基发酵升温，促进草粪中营养的转化，把易分解的碳水化合物、氨等物质转化成菌体蛋白，变为易被蘑菇分解吸收的物质。

2. 氮源添加剂

这些原料的特点是含氮量高，以添加氮为目的的种类有：尿素、碳酸氢铵、硫酸铵、麸皮、豆粉、豆饼、花生饼、油渣粕、血粉、干麦芽、干啤酒糟、棉子饼、玉米粉等。

(三)无机盐

主要作用是参与双孢蘑菇新陈代谢。常用的有石膏、碳酸钙、过磷酸钙、石灰等。

二、质量要求

各种原材料要求新鲜、晒干、不霉变、未受潮、未发热、没有发酵过，只有这样在堆置发酵时才能正常升温、发酵、腐熟。

三、原材料数量和床面堆肥厚度与产量的关系

双孢蘑菇的产量在投料数量相同的条件下,不与面积成正比。和农作物生产不同,农作物生产在同等条件下面积越大总产量越高,双孢蘑菇的总产量是跟投料量正相关的。根据试验,生长 1 kg 鲜蘑菇要消耗 220 g 的干物质,其中 90 g 为双孢蘑菇子实体所吸收,其余的 130 g 则作为能量而消耗掉,也就是说,产量与堆肥数量间(每平方米的干物质量)存在着密切的关系,厚实的料比薄料产菇多。

德国的马克斯·普朗克研究所做过一次试验:利用 8 个 0.5 m² 的浅箱分别装堆肥进行二次发酵和播种,后把其中 4 个箱的堆肥集中到一个 0.5 m² 的浅箱中, 这样这个箱中的堆肥是其他 4 个浅箱(总面积 2 m²)堆肥的总和,而最后产量如何呢? 结果是一个 0.5 m² 面积浅箱的总产量几乎和其他 4 个箱(总面积 2 m²)的总产量相同。这说明在同等条件下,单位面积投料量多、铺料厚度高的产量高。根据拉斯马森对菌丝输送营养情况的试验报道,在 1.8 m 深的容器中装满长有蘑菇菌丝的堆肥,在容器底部放入有放射性同位素的磷,过一段时间后,他发现容器顶部的蘑菇菌丝有放射性同位素磷出现, 这说明蘑菇菌丝能把营养从底部输送到顶部,整个菇床菌丝层的营养是相通的。这也可以解释菇床上堆肥厚的,长菇期更长,菇质量更好。

但是, 堆肥的厚度要根据生产季节和菇房控温条件来定,因为菌丝体在生长期间和覆土后菇床温度会升高。另外由于很厚堆肥料层会造成较大的温差并减少空气供给量,使得二次发酵更麻烦。所以在夏季栽培或菇房没有空调机的堆肥不能太厚。

栽培双孢蘑菇的堆肥数量应根据生产面积按配方准备，通常为每平方米面积用草量为 15 kg，粪的数量为 12 kg 左右，草、粪比为 6:4 或 5:5 为好，播种时堆肥压实后的厚度为 18~25 cm 为好，出菇适宜季节长的地区，每平方米草粪用量可达 35~45 kg。以上均以干料计重。

第六节　堆肥制作

堆肥即经过发酵的栽培双孢蘑菇的培养基，是栽培双孢蘑菇的营养基础，其犹如动物的食物。堆肥的数量和质量是影响双孢蘑菇栽培产量和质量的最重要因素之一。所以，学习和实践双孢蘑菇高产栽培开始的第一课，首先是学习和掌握双孢蘑菇栽培堆肥的制作技术。

要制作好双孢蘑菇栽培的堆肥，主要掌握好堆肥制作的科学配方和堆肥制作的发酵技术。

一、双孢蘑菇栽培的堆肥配方

栽培双孢蘑菇用的堆肥配方很多，配方的主要配制要求是：各种营养成分必须按双孢蘑菇生长发育需要的比例进行搭配，特别是培养基中碳素营养和氮素营养的比例，培养基中科学的碳氮比例为 33:1，或总氮 1.5%~1.6%。

根据多年的实践，比较好的培养基配方见表 8-6（以 100 m² 栽培面积计算）。

通过笔者在宁夏进行双孢蘑菇栽培配方对比试验观察，在堆肥中添加 30% 的苜蓿，可使蘑菇子实体质地密实，显著提高品质。同时，可显著提高双孢蘑菇的抗病性能，减轻褐斑病等病害的发生。另外，可显著增强蘑菇耐热性能，不易

表 8-6 双孢蘑菇栽培堆肥配方

单位：kg

序号	稻草	麦草	玉米秆	象草	巨菌草	拟高粱	苏丹草	苜蓿	玉米芯	牛粪	羊粪	马粪	黄豆粉	花生饼粉	菜子饼粉	麸皮	尿素	碳铵	磷肥	石膏	石灰	碳酸钙
1	1600										(1200)	(1200)	20	(20)	(20)	50	10	20	40	50	50	
2		1600									(1200)	(1200)	20	(20)	(20)	50	10	20	40	50	50	
3	800		800								(1200)	(1200)	20	(20)	(20)	50	10	20	40	50	50	
4				1600							(1200)	(1200)	20	(20)	(20)	50	10	20	40	50	50	
5					1600						(1200)	(1200)	20	(20)	(20)	50	10	20	40	50	50	
6	1000							600			(1200)	(1200)	20	(20)	(20)	50	10	20	40	50	50	
7		1000						600			(1200)	(1200)	20	(20)	(20)	50	10	20	40	50	50	
8						1600					(1200)	(1200)	20	(20)	(20)	50	10	20	40	50	50	
9							1600				(1200)	(1200)	20	(20)	(20)	50	10	20	40	50	50	
10		800	800								(1200)	(1200)	20	(20)	(20)	50	10	20	40	50	50	
11		1000							600		(1200)	(1200)	20	(20)	(20)	50	10	20	40	50	50	
12	1750									2000										50	75	25
13		1750								2000									50	50	75	25
14	1650									1200					90				15	30	50	
15		1650								1200					90				15	30	50	

开伞。使蘑菇的商品率明显提高,用苜蓿为主要添加料的堆肥栽培双孢蘑菇,其产量和生物效率相对较高,且30%苜蓿和70%麦草的配方最好。苜蓿是栽培双孢蘑菇的优质原料。

二、堆肥发酵

双孢蘑菇是异养低等的腐生型微生物,一些大分子的碳源和氮源及一些可溶性的氨类双孢蘑菇不能直接利用,要先经过其他高温微生物分解转化成菌体蛋白后,才能很好利用。发酵的蘑菇堆肥中,有一部分是以不适合蘑菇菌丝分解利用的状态存在,如大部分的氮是以氨化物的形式出现,当它达到一定浓度时,蘑菇菌丝就不能生长,氨态氮必须经过发酵,经细菌转变为富含氮的腐殖质,这种物质许多微生物难以利用,但蘑菇菌丝能够利用。许多对蘑菇有害的真菌在含有易降解的碳水化合物中会生长很好,通过发酵,使堆肥中易降解的碳水化合物转化为有益蘑菇生长的菌体蛋白,制造出有利于蘑菇生长而不利于其他竞争性杂菌生长的培养基。堆肥的发酵过程是物理学、化学、生物学的反应复杂地结合在一起的过程。20世纪40年代以前蘑菇栽培,堆肥的堆料发酵只是在室外进行,经3~4次翻堆发酵后,铺料播种,堆肥中物质转化较差,蘑菇单产较低。20世纪40年代欧洲发明了二次发酵技术,使蘑菇的单产得到了大幅度的提高。我国的蘑菇堆肥二次发酵技术是1978年由香港中文大学张树庭教授首先引进。堆肥发酵的目的是制造出通气、保水性良好、pH值适宜、积累蘑菇菌丝容易吸收的丰富营养,提供有利于蘑菇菌丝与其他微生物竞争优势的堆肥。

(一)堆肥制作过程中的微生物活动情况

双孢蘑菇的堆肥通过细菌、放线菌、丝状真菌微生物群的活动来完成,而整个过程和机理是很复杂的,目前,还没有完全搞清楚。据有关资料报道,在正式建堆结束后,主要由三种微生物群参与发酵:寄生于禾本科植物的菌类,如多主枝孢霉、出芽短梗霉;原料保管期间附着的菌类,如果曲霉属;藻状菌、冻土毛霉、微根毛霉。但这三类微生物,只起到一方面的作用,在正式建堆三天后其数量就逐渐减少了。

堆肥发热后高温菌开始繁殖,微根毛霉是初期发生的高温菌,建堆后 2~3 天,高温毛壳占优势,堆肥温度上升后,细菌的种数减少,在稻草表面的球菌层上发现放线菌和丝状真菌孢子。堆肥中有大量的放线菌时,呈灰白色。通常在一次发酵的末期,会出现所谓的"白化现象"。

当条件适宜嗜温微生物生长和繁殖时,它们就开始活动,分解草秆和游离的营养物质,把氨态氮转化成含蛋白质的化合物。因此这些微生物是双孢蘑菇的同盟军,协调和利用好这些微生物,对双孢蘑菇栽培者来说非常重要。要发挥这些微生物的作用,必须保持堆肥中有足够的营养、适宜的水分,还要给予充足的氧气。研究表明,处在发热期的堆肥,堆肥中心的氧气在 24 小时之内就会消耗完,在堆肥发热期间,大部分氧气是通过"烟囱效应"提供的。越靠近堆肥中心,二氧化碳浓度越高,甚至高达 20%。当二氧化碳浓度达到 20%时,就会形成厌气条件。如果经过几天,堆肥沉实了,温度、水分的差别太大,就必须把堆肥扒开、抖散、充分混合,然后再堆起来。堆肥的含水量要适当,如果太湿,堆肥就会缺氧,容易在堆肥底部形成厌氧条件。堆肥不能太干,经过几天的发热后,堆肥中的水分分布就不均匀了,所以在建堆时要给予大量的水分,并在翻堆时补充足够的水分。

堆肥的发热是微生物产生热量的结果,如果在发酵时遇强通风和寒风,热量散失就会很大,影响堆肥的发酵。所以,堆肥发酵场必须避开雪、雨和寒风。

(二)堆肥发酵的目的

堆肥发酵的主要目的是要游离出培养基中的营养物质,以适宜双孢蘑菇利用。在发酵结束时,大部分的水分必须为堆肥所吸收,播种时正常的含水量应在72%左右,这时的水分应在草秆的里面,而不应在草秆的表面。

没有发酵的堆肥中的营养成分是难以被双孢蘑菇吸收的,而且营养成分是以不适宜蘑菇利用的化合物的状态存在的,大部分的氮是以氨化物的形式出现,当它达到一定浓度时双孢蘑菇就不能生长。

氨态氮必须由细菌转化为蛋白质化合物,并吸收变为富含氮的木质素——腐殖质复体,这种复体难以被许多其他微生物利用,几乎只有蘑菇等担子菌能吸收。蘑菇含有特殊的酶,能分解这种复体并使这种复体中的氮游离出来。特别是在菌丝生长和菇蕾形成期间,蘑菇需要大量的这种复体。部分碳水化合物是以不易分解的纤维素的形式存在于草秆中,其余的则是容易降解的糖和果胶。

竞争性真菌在易降解的碳水化合物中生长良好,这些真菌很多是危害蘑菇生长的竞争性真菌,这些真菌在含有其他易降解的化合物的堆肥中也能很好地生长。由于这个原因,部分氮源(约占干物质的50%左右)要通过发酵使之消失,虽然这些物质也是蘑菇能够利用的,但为了消除危害蘑菇的真菌的营养源,减少这些杂菌,所以要制作出选择性的堆肥。

　　新鲜的堆肥要变成适于蘑菇生长的堆肥,要经过许多的变化,需在室内经过二次发酵,在控制条件下完成堆制过程,最后得到选择性的堆肥,在这种堆肥中蘑菇比大多数霉菌生长得更好。

表 8-7　堆肥制作的发酵过程

顺　序	时　间	操　作　说　明
一 次 发 酵		
预湿	2~5 天	原料加水湿透
建堆、翻堆	15~25 天	原料混合均匀、调节水
铺料	1 天	调节水、pH 值,趁热将堆肥铺在菇床架上
二 次 发 酵		
调节温度	1~3 天	在自然条件下菇床间料温较为一致
巴氏消毒	6~8 小时	加温,堆肥温度达 58℃~60℃,杀死病原菌和害虫
发酵	7~10 天	通风、堆肥温度逐渐降低,保持在 48℃~53℃,培养有益高温微生物,让游离氨充分转化成菌体蛋白,积累营养物质
冷却	1~2 天	通风,堆肥温度降至 30℃以下

三、堆肥发酵技术

(一)一次发酵(室外堆制)

1. 一次发酵的作用

　　一次发酵地点在室外,或在简易顶发酵棚内,把栽培原料加水预湿,混合均匀,堆制成长条形,并通过翻堆,调节水分,提供微生物繁殖所需足够的水分和氧气,在自然条件下通过高温放线菌等作用, 堆肥发酵堆内温度达到 70℃~80℃,软化原料,把部分堆肥转化为菌体蛋白,杀死大部分的病菌和害虫。

2. 一次发酵的必要条件

(1)水分:堆肥的草在预湿时加水使含水量达 70%~75%,要可以看到多余的水从料堆中流出, 只要不损失营养成分就要多加水,不仅要把草料的表面弄湿,而且水分还要渗透和被组织吸收才理想。原料中水分充足,微生物生长就会活跃;水分不足(40%以下),微生物活动会大幅度降低。但水分过多则影响通气,堆肥中心的氧气减少,造成厌气发酵。

(2)氧气:堆肥在发酵过程中,必须连续供应给料堆氧气,维持好气性条件。好气性微生物的好氧量受到多种因素的影响,为保证料堆内有充足的氧气,以增加堆肥的含氧量和改善通气性,要定期进行翻堆,但翻堆对补充氧气作用有限,据试验观察,料堆中的总氧量在翻堆后数小时就被微生物群消耗掉, 翻堆的主要目的是把堆肥的各部分充分地混合,尽可能把整堆的堆肥制成均匀的堆肥。料堆中的空气是从料堆侧面进入料堆内并向上层流动,这种现象称为"烟囱效应"(见图 8-2)。自然通风比通过翻堆补充氧气更重要,料堆的适合宽度取决于空气能够从料堆侧面渗透到料堆中的距离,料堆的宽度、紧密度、含水量是影响料堆含氧气多少的主要因素。渗透到料堆中央的氧气几乎全部被高温细菌消耗掉,料堆中二氧化碳的浓度在 20%为好,高于 20%就会造成厌气状态,低于 20%则透气性太好,料堆被冷却,发热不好。

（3）温度：料堆的构造对于发热作用是很重要的，受到使用的原材料、堆置场所、堆置方法、翻堆日程、含水量、有机物添加量等的影响，而含氮化合物起着特别重要的作用。

料堆压得太紧和太松都难以发热，正式建堆后，料堆温度有时可达到80℃，在这样的高温下，几乎所有的微生物都不能生存，但是，通过化学反应等，堆肥中所含的高分子物质可变成利于双孢蘑菇菌丝生长的物质。如果温度升不上去，发热不充分，就会造成堆肥发酵不好而影响产量，或者造成发酵失败。

堆肥发酵时应注意：料堆不能吹强风，防止把料堆吹冷，料堆不能暴晒、雨淋，或喷水过多，应避免料堆太松或太紧，秸秆不能用陈旧发热过的，氮肥要足。

堆肥发酵过程中，料堆的不同部位的温度是不同的（见图8-3），从料堆最外部的冷却层A向中央部的堆温逐渐升高，高温放线菌群活动的活泼性也逐渐升高，若中央部的堆温上升，微生物被活化，料堆的温度会全部升高。料堆中央部最适发酵层C的温度可达到75℃~80℃，在这一层中微生物是不能生存的，而化学反应很活跃。为了使料堆均衡腐熟，要翻几次堆，使不同温度的料层充分混合。

料堆各层温度及对堆肥质量的影响：

A层与外界空气直接接触，温度低但在一次发酵中含有大量有益微生物，通过翻堆供给整个料堆微生物的重要料层，也是微生物的保护层。

B层是稍微干燥的料层，可以看到放线菌白色的斑点。翻堆时的加水量，以能产生放线菌（白斑）为标准来确定。

C层即使不靠二次发酵，这层堆肥的营养蘑菇也是能够直接吸收利用的。

D层是嫌气层,温度低,湿度过大,对蘑菇菌丝的生长发育是完全不适合的料层。

在发酵过程中,料堆中化学成分的分解也因微生物的种类不同而异,易分解的有机物,特别是可溶性碳水化合物在堆制的初期被利用,碳素通过二氧化碳被消耗,一部分被同化变成微生物的组成成分。通常,堆置时间越长,干物质的损耗越大,达22℃~35℃,在边缘部位高温微生物的活性比料堆中央的更活跃,有机物的消耗特别剧烈。到发酵后期,料堆的质地变得更紧密,透气性变差。整个一次发酵期间,料堆的最高温度要求达到75℃以上,以杀死大部分病菌和害虫,使堆肥内发生焦糖化反应产生暗色的高碳化合物,这些碳源物质是双孢蘑菇碳代谢中的主要物质,是制作双孢蘑菇特异性堆肥的重要物质成分。同时破坏秸秆表面的蜡质层,以利于增强吸水性,促进腐熟,通过堆料把原料转化成适宜双孢蘑菇生长的基质。

3. 一次发酵的方法

(1)预湿:干粪必须在建堆前5~7天,用水拌湿,含水量控制在50%左右,让其先行发热,初步培养一些有益的微生物。草在建堆前2~3天,先用石灰水浸湿,使草软化,吸水均匀,以便在堆料时,草能够吸收并保持足够的水分。

(2)建堆:地上先铺一层约2.5 m宽、0.3 m厚的草,草上再铺一层2 cm厚的粪,一层草一层粪,各铺10层左右,饼肥、麸皮、尿素等辅助材料撒在中间几层。直堆至1.5~1.8 m高,堆的四面要求基本垂直,堆顶盖粪呈龟背形,后用苇帘覆盖,防雨淋和太阳暴晒。堆料过程中应边堆料边分层洒水,但下面3层不需洒水,因料堆上面的水会往下渗,防止过湿,从第四层开始,越往上洒水越多。直至料堆好后,料堆四周要有水渗出为止。堆好后,料堆的四周要开沟、四角挖坑蓄水,第二天再把坑内的水回浇到堆上,以减少堆肥可溶性营养的流失。插入温度计,并在料堆表面和四周喷高效低毒的杀虫剂。

(3)翻堆:翻堆的主要目的是把堆肥的各部分充分地混合,通过每次对堆肥的翻动,调换料堆的位置,改变堆内的空气条件,调节水分,不断提供微生物活跃性的条件,促进堆肥物质向有利于蘑菇生长发育的方向转化,尽可能把整堆的堆肥制成均匀的堆肥。为了使其均衡腐熟,要翻几次堆,使不同温度的料层充分混合。一般需要翻堆3~4次,间隔时间大致为5天、4天、3天、2天,要根据堆料时的气温、草的种类、堆肥的发酵情况灵活掌握,发酵时间在12~20天范围内。翻堆时把堆下部的堆肥翻到上面,料堆四周的料和干的料翻到堆中间,湿的、熟的料调整到堆外面,把粪和草充分抖松、拌匀,促进料堆发酵均匀一致。

①第一次翻堆:在正常情况下,建堆24小时后堆温开始上升,建堆2~3天后,堆中最高温可达到70℃~75℃,但堆温升到最高时,便开始缓慢下降,主要原因是料堆中氧气、水分等条件制约了微生物的活跃程度。一般在建堆后第5天,堆温不再上升,即可进行第一次翻堆。若堆肥堆置2~3天后,料堆局部不冒出水蒸汽,说明料温太低,堆肥水分太干,应适当浇水,若在低温季节建堆,或建堆后遇强冷空气天气,应采取防冷空气降温的措施。若建堆3~4天后,堆温在60℃以下,说明发酵不好,应及时翻堆,查明原因,从水

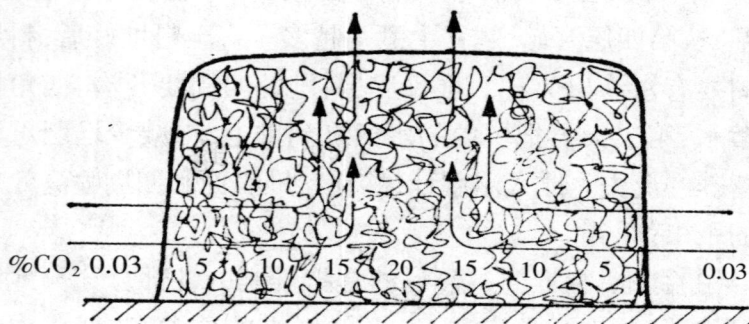

%CO₂ 0.03   5   10   15   20   15   10   5   0.03

图 8-2   在堆制(一次发酵)期间料堆内的"烟囱效应"

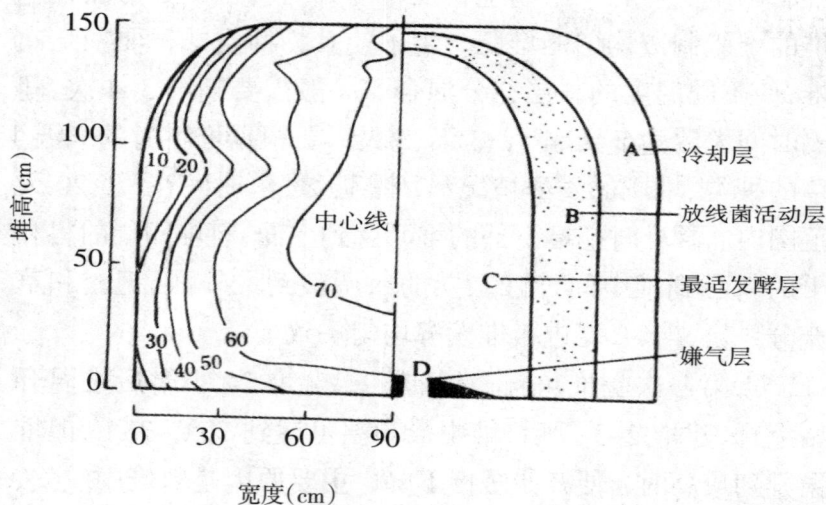

图 8-3   料堆中温度的分布

分、材料质量和氮源等方面去检查,采取相应的改进措施。

第一次翻堆的重点是检查和调节好堆肥的水分,为了能使疏松的草吸足水分,翻堆前一天,可在堆上先浇水,翻堆时再浇足水分,水分掌握在翻堆后堆的底部四周有少量的水渗出为宜。

第一次翻堆时加入石膏粉，堆肥中加入石膏粉是为了使秸秆表面的胶体粒子凝结,形成通气性好的物理结构,对堆肥的自然通风有非常重要的效果,另外石膏吸水性很强,能脱水改善过湿的堆肥，提高持水力。在建堆早期加入石膏,对蘑菇稳产有效。

②第二次翻堆:在第一次翻堆两天后,堆温可达80℃左右,在第一次翻堆3~4天后,当堆温不再上升时,进行第二次翻堆。这次翻堆的关键是调节水分,但要防止水浇太多,因这时草、粪已开始腐熟变软、吸水性强。第二次翻堆时,由于堆肥已开始腐熟,为防止堆肥通气不良造成厌氧发酵,堆肥堆宽应收缩成2 m左右,高度降至1.2 m左右。

第二次翻堆加碳酸氢铵和过磷酸钙。

③第三次翻堆:一般在第二次翻堆后3天内进行,加入石灰,pH值调至8.0~8.5。堆肥含水量调到65%~70%,即用手紧握堆肥时,指缝间有5~6滴水渗出。

第三次翻堆后如堆肥还达不到进行二次发酵的程度,可进行第四次翻堆。总之,最后一次翻堆时,主要是调节堆肥的水分、pH值和生熟度。最后一次翻堆时,为了防止厌氧发酵,建堆时应将底部垫高,在堆上用木棍间隔插孔增强通气性。

一次发酵好的堆肥的标准:

A. 呈暗褐色,秸秆表面湿润,有光泽,秸秆有弹性,拉断时有一定阻力。

B. 用手握紧料时,指缝间有少量水渗出(含水量65%~70%)。

C. 有少量的氨味和粪肥的臭味,pH 值为 7.8~8.5;稍有黏性,握后手会沾上堆肥。

D. 在干燥的部位可以看见有放线菌的白斑。

E. 含氮量 1.8%,含氨量低于 0.1%。

(二)堆肥进房装床

为了防止堆肥热量的损失,使堆肥进房时保持一定的温度,堆肥应在很短时间内运进房装上床。正常堆肥装床厚度为 25cm,然后稍压实,如堆肥水分较多而发黏,则不需压实。堆肥装好后,如发现水分不足,可在堆肥中洒些石灰水,如水分太多,可在装床时每吨堆肥加 10~20kg 的麸皮或黄豆粉,使二次发酵期间堆肥的微生物活性增加而蒸发多余的水分。堆肥进房前,为保持二次发酵期间菇房的湿度,菇房的地板、墙壁和天花板应充分喷湿。装床结束后,在菇床不同部位放置温度计,在床面上喷杀虫剂,关闭门窗,装床结束。

(三)二次发酵(室内控温发酵)的理论与应用

1. 二次发酵的作用

二次发酵就是把经过一次发酵后的堆肥搬进室内菇床上或专用发酵室内,在加热控温、通风换气的条件下进行再次发酵,目的有以下几个方面。

(1)杀灭残存在堆肥中对蘑菇有害的生物(线虫、螨类、蝇类、有害的真菌和它的芽孢)。根据试验,这些生物在 55℃以上经过 12~16 小时后能全部杀死,杀菌过程中要把室温维持在 57℃(这时堆肥一些部分的温度会达到 60℃~62℃)至少 4 小时。一些病菌和害虫类死灭的温度见表 8-8。但堆肥长时间温度维持在 60 ℃以上,是不好的,否则堆肥中的放线菌和丝状真菌等对双孢蘑菇有益的微生物就不能存活，而其他一些嗜热微生物又会活跃起来，堆肥中的氨会游离出来，可以闻到更多的氨味。

表 8-8　病菌和害虫类死灭的温度表

病菌和害虫名称	死灭当天温度(℃)	死灭的时间(小时)
菇蝇类	55	5
线虫	55	5
螨类	55	5
褐色石膏霉	60	4
菇蝇,瘿蚊	46	1
树枝状轮指孢霉	50~60	4~2
绿霉	60~50	6~16
蘑菇孢子	65~70	72~3
褐斑霉	60~55	2~4
疣孢霉病	60~55	2~4
胡桃肉状菌	60	多
毛壳菌、绿毛壳、橄榄绿毛壳	60	6
菌被病、马特病	60~50	2-16
黄色毁丝霉引起的细菌性斑点病	50	10分钟

（2）在适温条件下促进高温放线菌和霉菌的迅速繁殖，根据试验，对堆肥发酵有利的放线菌、丝状真菌和高温细菌生长的适宜温度分别为50℃~55℃,45℃~53℃和50℃~60℃。所以堆肥在二次发酵时，提供这些微生物适宜的温度条件，

使堆肥继续发酵,增加双孢蘑菇生长所需的营养,制造出对双孢蘑菇生长有利而对双孢蘑菇的有害微生物不利的堆肥,从而增加双孢蘑菇的产量。

2. 二次发酵的方法

二次发酵的方法可分为两种:一种是建好二次发酵室、隧道, 把一次发酵好的堆肥迅速运送到专用于进行二次发酵的室、隧道内,集中堆放,然后通入热空气,进行增温增氧发酵。发酵结束后再把堆肥运送到菇房铺在菇床上。

另一种方法:堆肥一次发酵后应趁料温较高时把堆肥搬进蘑菇栽培房内的菇床架上,进行二次发酵。堆肥进料前应先把菇房内的走道、墙壁和菇床全部喷湿,封闭菇房,防止菇房漏气,以免造成二次发酵升温保温不好。菇床上铺料厚度为 25 cm 左右,稍压实,堆肥水分不足时,补水把堆肥含水量调至 65%~70%。铺料时把含水量高的料装到下层,较干的料铺到最上层的菇床上, 为防止顶层料由于屋顶滴水导致过湿,可在顶层堆肥表面,盖一层干草吸水。铺料结束后,把菇房打扫干净,一个菇房安装 5 个温度计,布好蒸汽管道,在菇床堆肥面上喷杀虫剂,然后关闭门窗。

3. 二次发酵过程中温度、氧气等的变化对微生物和堆肥质量的影响

二次发酵实际上是一个培养对蘑菇生长有益的微生物和抑制对蘑菇生长有害的微生物的过程。二次发酵过程中利用较高的温度来控制杀死有害生物,在温度 58℃以上,经过 12~16 小时以后,堆肥和菇房中的有害生物如线虫、螨、蝇类、蚊类的卵和蛹及一些有害的真菌等能被杀死。通过不断补充氧气,使菇房的温度控制在 48℃~53℃,促进有益蘑

菇生长的高温微生物大量繁殖，转化分解堆肥中的营养成分，为双孢蘑菇生长积累营养，抑制对双孢蘑菇生长有害的菌类的生长。

在双孢蘑菇堆肥二次发酵期间大量繁殖的有益微生物，主要为三大类：嗜温细菌、高温放线菌和嗜温霉菌。这些微生物可生长在相似的条件下，但需要的温度范围稍有不同，嗜温细菌生长的最适温度在 $60℃\sim50℃$ 之间，高温放线菌在 $55℃\sim50℃$，嗜温霉菌在 $53℃\sim45℃$ 之间，三类微生物适宜的温度范围可以局部交叉。当温度在 $65℃$ 以上，高温霉菌和放线菌停止生长，此温度下持续时间长了就会死亡。在二次发酵过程中，随着温度由高到低，三大类微生物的生长更替次序是：嗜温细菌—高温放线菌—嗜温霉菌。二次发酵巴氏消毒后，温度从 $60℃$ 开始下降，一小时下降 $1℃$，使堆肥的中心温度保持在 $55℃$，然后一天降一度，把堆肥温度降到 $53℃$，当温度达到 $48℃\sim53℃$ 时，保持 $4\sim5$ 天，对蘑菇有益的微生物大量繁殖，堆肥将变成灰白色。堆肥中易分解的碳水化合物和其他物质充分降解转化，转换成菌体蛋白和其他容易被蘑菇吸收的营养。

二次发酵过程中除温度外，通风换气非常重要，高浓度的二氧化碳和游离氨对高温霉菌和放线菌的繁殖危害大，所以在保持适宜的温度、湿度的情况下，应通过通风，除去二氧化碳、游离氨和多余的热量。通常小农户栽培采用通入蒸汽的方法以进行通风换气和保持适温、适湿。大规模生产可通过安装自动控温和通风装置，预先编排好温度、湿度和二氧化碳的参数数据，以控制温、湿、气等条件。

4. 二次发酵过程及控制

(1)温度调节

堆肥搬进菇房铺到菇床上后,由于菇床间温度差异大,有的温度太高,有益的高温微生物不活动或死亡;有的温度过低,有益高温微生物也繁殖不好。堆肥发酵的质量差别大,影响蘑菇的产量。所以堆肥装床后,要调节堆肥温度,使菇床间温度达到平衡,可通过菇房内空气的循环流动来调节堆肥的温度,温度调节时间为1~2天。

(2)巴氏消毒

堆肥铺料后的第二天,菇房温度接近40℃~45℃时,通入蒸汽,尽快调节室温升至57℃(此时堆肥中有的部分温度会升至60℃~62℃),保持6~8小时,利用60℃的高温杀死对蘑菇有害的生物,但料温不要超过62℃,不然会影响放线菌、嗜温霉菌的活性,对后期的发酵不利。料温高于62℃时停止通蒸汽加热,通风降温。杀菌结束后,要立即用最大的通风量,按每小时降低1℃的比例把料温降下来,使堆肥的中心温度冷却至55℃,但不要把温度降至55℃以下,在这个过程中完成有害生物的杀灭工作。

(3)发酵

巴氏消毒结束后,这时堆肥中心部位的温度为55℃,室温保持在40℃~45℃,堆肥应按一天降1℃的速度降至52℃,使菇床中心的温度为52℃,堆肥整体的平均温度保持在46℃~53℃的范围内(堆肥温度在45℃以下和54℃以上对制作优质堆肥是不利的),室温保持在40℃~45℃,以维持堆肥温度,创造蘑菇堆肥发酵有益微生物大量繁殖的温度条件,从降温开始的发酵时间为7~10天。在发酵过程中可通入少量的蒸汽,以保持适宜的温度和空气相对湿度。堆肥的中心温度要注意控制在 50℃~52℃。为便于测定料温,最好使用温度传感器,把温度探头插入料中央,以检查堆肥温度,同时在室内也放温度计以检查室温,把温度计的显示表挂在室外,在室外进行观察。一个 200 m² 的菇房使用 5 个温度传感器探头,1 个测室温,4 个测料温,每 30 分钟测一次,发酵结束时适宜的温度是:料中心温度为 50℃~52℃,料表面温度为 45℃。(图 8-4)

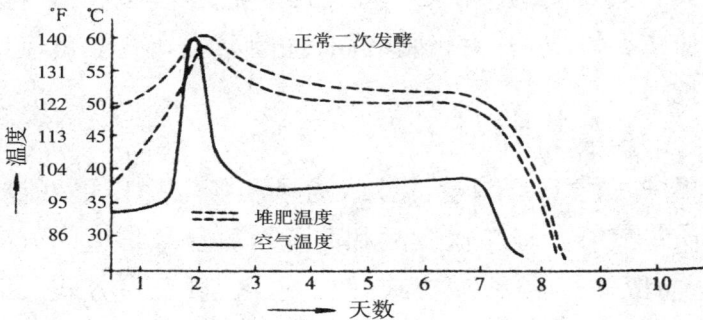

图 8-4　标准二次发酵过程曲线图解

(4)冷却

二次发酵结束后,迅速打开所有门窗,通入新鲜空气,在 12 小时之内把温度降至 30℃以下,并立即进行整床播种,防止发酵好的堆肥再污染。

(5)二次发酵后优质堆肥标准

堆肥为灰色(下霜状);秸秆纤维柔软,有一点抗拉力;堆肥的表面和内部都有白色的有益真菌和放线菌的菌落,堆肥手感不污手,完全没有黏性,有弹性;紧握堆肥不滴水,含水量 65%~68%;无氨味,有甜和新鲜的香味;含氮量

2%~2.4%,C/N16~17,含氨量在 0.04 以下,pH 值为 6.8~7.4。

四、堆肥集中二次发酵技术

(一)集中发酵的概念

集中发酵有别于一区制栽培（即在同一个菇房内完成二次发酵、菌丝培养和出菇等过程），而是把堆肥集中到专门设计建造的用来堆肥二次发酵和培养菌丝的隧道或发酵室内进行集中二次发酵和菌丝培养，一般是一次集中发酵 50~100 t 的堆肥。利用隧道自动控制进行集中发酵的技术是由意大利人发明的，于 20 世纪 70 年代在法国和荷兰的蘑菇企业中实践成功。目前我国有些蘑菇生产企业也应用了这项技术。

(二)集中发酵的优点

集中发酵节省能量,温度、通风和各项操作更好控制,堆肥质量更好，把二次发酵和菌丝培养从栽培室中分离出来,从而把一区制(一室方式)改为三区制(三室方式),缩短了每周期菇房的占用时间,增加了栽培次数,同时对菇房的建造要求更简单,降低了建筑材料和设备的损耗,更有利于机械化操作,节省人力。

(三)集中发酵隧道的设施和设备

1. 发酵隧道(发酵室)

隧道的尺寸一般为 3~4 m 宽,3.4~4 m 高, 长度根据装料量而定(1 t 堆肥约需占地 1.2 m²)。地面由两层构成:下层是水泥地板,但要求有隔热功能,上层是木制、金属制或水泥制的格子层。墙壁和屋顶要用隔热材料建造,还要求有防潮层。门要求为双重门,密封并隔热。

2. 地面构造

两层地面之间的自由空间至少有 0.4 m,为了较好地分配压力和限制空气的速度, 地面对着空气入口至少倾斜 2%,也有利于在低洼处排出积水、冷凝水和清洗隧道时的用水。排水口必须气密和装有开关。

3. 通风换气装置

通风换气装置主要由蒸汽入口、外部新鲜空气入口、空气过滤器、内部回风口和排气口等部分组成。

(四)集中发酵的过程

1. 装料

通过一种可伸缩旋转的传送带,把堆肥均匀装入隧道,堆肥厚度为 2 m 左右,堆肥四周和墙壁之间最少要有 0.5 m 的空间距离,堆肥顶部和屋顶要有 1 m 以上的距离,以利于通风。装好料后,安装好温度传感器,关闭发酵装置,通入循环空气,最少要通入 5%~10%的新鲜空气,防止嫌气发酵,促进堆肥发热。温度控制在室外进行,将堆肥的温度和室温控制在 50℃。

2. 巴氏消毒

当堆肥温度达到 50℃时, 把温度设定在 57℃~60℃,开始通入蒸汽,促使堆肥升温,温度达到 57℃~60℃时,维持这个温度 6~12 小时,进行巴氏消毒。如温度超过 60℃以上,应立即通入外界新鲜空气进行降温。巴氏消毒结束后,通入新鲜空气进行降温,使温度降至 48℃~53℃。

3. 堆肥腐熟

通过新鲜空气和回风(室内循环空气)自动开关,把堆肥的温度维持在 48℃~53℃,保持 5~7 天。堆肥发酵结束后应在 12 小时内把温度降到 30℃以下，并立即接种。在通过传送带把堆肥送出过程中，用接种机在传送带上进行自动接种，把菌种散布在堆肥中。

第七节　播种和播种后管理

二次发酵好的堆肥具有一定的选择性，有利于双孢蘑菇的菌丝体生长，但必须尽快播种，使蘑菇菌丝尽快在堆肥中生长，从而抑制竞争性的霉菌和其他微生物生长。在自然气候条件下，播种期应选择蘑菇菌丝最适合生长的季节，蘑菇菌丝体最适宜的温度为 22℃~26℃。

一、菌种

我国目前生产栽培种常用的培养基配方为麦粒和经过发酵的棉子壳配方。麦粒配方的优点是萌发快，但会发霉，很快变绿，引发鼠害，透气性差，不耐储存，笔者曾经遇到放在冷库里的菌种由于通气不良，菌种全部死亡的情况。而棉子壳发酵料配方的优点是透气性好，耐储存，不会发霉，没有鼠害，笔者曾经做过试验，菌种长满瓶后储存在低温条件下 6 个月播种，菌种照样萌发很好，但是菌丝的生长点较少。

用种量以每平方米面积 1~1.5 瓶较好，根据试验，用种量增加蘑菇产量也增加，主要原因是快速生长的蘑菇菌丝具有抵制竞争性微生物的能力，增加用种量后提高了这种能力，同时缩短了堆肥的发菌期。但是播种量超过一定数量后，就不合算了。

菌种在长满瓶后 10 天内使用，如没有及时使用，应放在 2℃的条件下储存。在 32℃条件下持续一段时间后，菌丝就会死亡,麦粒培养基的菌种开始发酵,发出如啤酒变质后的酸味。当菌种运至菇场后,应放在温度低的场所,并立即打开包装,疏散排开。

二、播种

(一)播种前的准备工作

1. 翻架铺料

堆肥温度下降到30℃以下时,把菇房内的废气排除干净后,进行翻架铺料。把二次发酵好的堆肥均匀地铺放在各菇床上,边翻料铺床,边将草粪混匀,捡弃杂物,把料铺平整,厚度、松紧一致,稍压实,堆肥压实厚度为16~18 cm。整床铺料时,要检查发酵料的含水量。如太干,要喷浓度为1%的石灰水,使堆肥含水量达65%左右,整床后,搞好菇房的卫生,并马上播种。

2. 菌种准备

(1)菌株选择

蘑菇菌株的优劣,是关系蘑菇栽培能否取得高产优质的决定性因素。菌株的推广、生产目前在国内重要产区都实行严格的控制和管理,以防给栽培者造成重大损失。如福建省对蘑菇菌种的生产专门制定了管理条例,根据专家评定和多年的中试,确定推广菌株。国内蘑菇生产比较好的菌株有 AS2796 等,这些菌株经多年的栽培实践证明,产量高,质量好,适应性广,抗性好。

(2)菌种质量

选用菌种时,应当选择无杂菌,无病虫,菌丝洁白、生长旺盛,上下均匀,不萎缩、不退化、不吐黄水、绒毛菌丝多、菌丝健壮、蘑菇香味浓,长满瓶后 10 天左右的菌种。

（二）播种方法

采用混合播种法播种前，手、衣服、器具，都要进行消毒，把菌种从容器中取出后，充分搅碎。采用混播的播种方法，把 3/4 的菌种撒在堆肥表面后，用手把菌种和堆肥混合，将剩下的 1/4 菌种撒播在堆肥表面，这种播种方法用种量大，但发菌速度快。另一种是将 2/3 菌种撒到堆肥表面后，用手拍动，让菌种下沉到堆肥中，将剩下的菌种撒在堆肥表面，这种方法的好处是堆肥表面菌种量大，有利于表面蘑菇菌丝形成优势。混合播种因为增加了用种量，在堆肥中提供了更多的生长点，使蘑菇菌丝能更快地在堆肥中长透，节省了发菌时间，减少了堆肥中竞争性微生物发展的机会，从而对提高产量有好处。

播种结束后，把料面压平压实，以利于保持堆肥温度，然后盖上报纸或地膜，防止堆肥表面干燥和阻隔竞争性微生物的孢子落到堆肥中，减少杂菌的污染。为了杀死这些正在萌发的杂菌孢子，每周要用 0.5% 的福尔马林药液在报纸或地膜上喷洒，菇房四周和地上喷杀虫剂，防止害虫在菇房内繁殖。

三、播种后的管理

播种后要提供蘑菇菌丝体生长所必需的适宜的温度、通气、水分等条件，并防止杂菌和害虫的发生，促进菌丝健康快速地在堆肥中生长。播种后第 3 天，菌种周围就长出绒毛状菌丝，然后定植在堆肥中并向四面八方繁殖，和其他种块的菌丝融合在一起。

（一）温度管理

播种后的第三天，菌种的周围就开始长出绒毛状的菌丝,并在堆肥中定植向周围扩展。播种 7~8 天后,由于菌丝的旺盛生长, 菇床温度会上升, 比菇房空间的温度会高出1℃~3℃,应把菇床温度控制在 24℃~26℃,不要超过 28℃。采用通风降温,把菇房空间温度降至 21℃~22℃,菇床温度维持在 24℃~26℃, 通常 14~20 天菌丝就能完全长满堆肥,菌丝长满堆肥后就可以开始覆土。

(二)湿度管理

播种后的前 4~5 天应不通风或少通风, 把菇房空气相对湿度控制在 90%~95%,防止菌丝失水干掉,促使菌种早萌发、快定植。菌丝定植吃料后,加强通风,使菇房内氧气充足、湿度下降,降低堆肥表面的湿度,增强堆肥的透气性,使菌丝往堆肥中心和下部生长,促使菌丝往堆肥内部生长,抑制堆肥表面杂菌的生长。随着菌丝生长量的增加,通风时间随之延长,没有通风设备的菇房,通风窗要多,通风时间要根据菌丝生长情况和天气来延长, 即使堆肥表面通干了也无碍。笔者曾做过试验,随着菌丝的生长,不断加强通风,最后菇床上的堆肥全部通干,覆土时用水多次浇透,菌丝会生长得很旺盛。

(三)通风管理

刚播种时不通风或少通风,随着菌丝的生长,不断加强通风。通风时,一般情况下,朝南和朝北的门窗同时打开,风大时只开背风的通气窗。我国西北地区干燥,要注意缩短通风时间。播种 10 天左右,当菌丝长入堆肥 1/2 时,应及时将堆肥松动一次,促使菌丝更快往下长,生长更旺盛。经过 14~20 天左右,菌丝就能充分长满堆肥,这时整个菇房可闻到很浓的蘑菇菌丝香味。在菌丝培养半个月时,要喷施一次杀虫剂、杀菌剂,防止菇蚊、菇蝇、螨类及杂菌的发生蔓延。

四、菌丝的营养吸收

据有关研究资料报道,蘑菇菌丝可分为气生菌丝和基内菌丝,气生菌丝向空中进行先端生长,基内菌丝向培养基内进行先端生长。从营养吸收方面来看,基内菌丝在先端部活泼地吸收营养,而气生菌丝附着在培养基上,没有直接进行营养吸收的能力,数日后先端部作为基内菌丝转变职能后,才发挥吸收能力。气生菌丝本来不具有吸收营养的功能,其营养靠从基内菌丝运送来。但是,基内菌丝和气生菌丝有可以互相转化的性质。基内菌丝的吸收是靠近比较先端的部分进行的,被吸收的低分子物质在该处被合成高分子化合物。菌丝具有分枝的能力,断后会长出更浓密的菌丝。

五、集中发菌技术

有一种新的发菌方式叫大堆发菌(也叫集中发菌),用传送带把集中二次发酵装置中二次发酵结束的堆肥传送到另一个集中发酵装置,在传送过程中把菌种混合进去,混合菌种的堆肥厚度在 1.5 m 左右。发菌时的温度控制在25℃,温度通过隧道的通风控制装置来调节。通风量少,每小时 10 m³ 就够了。

集中发菌应注意通风不能太强,不然会造成堆肥局部温度的紊乱和二氧化碳浓度太低,不利于生长。

六、播种后发生的异常情况及处理

(一)菌种不萌发

播种 3~4 天后要检查菌丝生长情况,正常情况下,播种3 天后,菌丝就会萌发,如果在适宜季节播种,菌种不萌发主要原因可能是温度高于 30℃,如果料温连续 2~3 天高于

33℃,菌种颗粒上的菌丝就会"烧死"而不能萌发。或堆肥的游离氨浓度高,菌种在氨气的刺激下也不能萌发。发生后要及时查明原因,采取相应措施。如菇房温度过高,应及时采取通风降温或其他降温措施。如堆肥中有氨味,应及时翻动堆肥,或喷1%的福尔马林,或喷过磷酸钙水,消除游离氨,再增加播种量。菌种死亡后不能萌发的要及时补播。

(二)菌丝不吃料

菌种萌发后不在堆肥中生长即不吃料,可能的原因有pH值偏高或偏低、堆肥太湿或太干,或营养成分失调。堆肥中的营养成分不适合双孢蘑菇菌丝生长,如堆肥太干,应喷pH值为7.5的石灰水调节;如堆肥太湿,应松动堆肥,加大通风,也可撒碳酸钙粉或草木灰降湿,pH不适合和营养比例失调的应重新配料发酵。

(三)堆肥内菌丝生长弱、缓慢

可能的原因是在配料时使用质量差的原料,前发酵时料温没有达到70℃以上,又没有进行二次发酵,使用的草粪等材料已经淋雨、发过热、发霉,养分差。为防止这种情况的发生,应保证堆肥的质量,使前发酵达到高温要求。

(四)堆肥内绒毛菌丝稀少、线状菌丝形成

主要原因是堆肥配方不当和发酵技术控制不好、粪肥过量、前发酵过程中又造成嫌气发酵,加上堆肥过熟、透气性差、氧化不足等因素,妨碍了绒毛状菌丝的生长,提前形成了线状菌丝,过早地由营养生长转入生殖生长。要防止这种情况的发生,主要应改善堆肥的通气状况,堆肥配方中的粪肥不能过多,前发酵堆置时间不能太长,堆肥含水量不能提高,堆肥太湿时在堆中打孔增加透气性。

第八节　覆土和覆土后管理

覆土就是在长满菌丝体的堆肥上覆盖一层 3~4 cm 厚的壤土、泥炭土等材料,促使双孢蘑菇的生长阶段从菌丝体生长阶段向子实体生长为主阶段转变，在土层中形成子实体原基,并发育成成熟子实体。

一、双孢蘑菇结菇的原理

长期以来，世界上就有不少人对双孢蘑菇营养生长向生殖生长转化,形成菇蕾进行了研究,想找出双孢蘑菇为什么要覆土才能结菇的机理,虽然还未完全搞清楚,但研究取得了多方面的成果。

其一,结菇和二氧化碳浓度有关。菇房内床上与空间的二氧化碳浓度不同,由于菌丝体的生命活动,使堆肥和覆土层中二氧化碳百分比增加。除二氧化碳以外,由于新陈代谢的结果，菌丝体的生命活动也可能释放出极微量的其他的气体,当空气中的二氧化碳含量为 2% 的时候,双孢蘑菇的菌丝体生长良好。当菇床上面的二氧化碳浓度接近新鲜空气中的二氧化碳的含量时(0.06%),在覆土的某些部位二氧化碳含量将下降到 0.1%~0.15%,甚至更低,这时双孢蘑菇菌丝体停止生长,如这时其他条件有利于结菇,菇床将开始结菇,双孢蘑菇结菇时的二氧化碳浓度为 0.08%~0.15%。

其二,结菇和一类细菌有关。据埃格和海斯等人的研究报道,认为覆土中含有像臭味假单孢杆菌这样一类的细菌,这类细菌对菇蕾的形成有一定作用。蘑菇菌丝体在新陈代谢过程中产生的乙烯、丙酮之类的挥发性物质,可激发覆土层中微生物的活动，同时也间接诱导了双孢蘑菇子实体的产生。许多研究者认为，在无菌的覆土上不会出现原基。

其三，研究者认为营养作用和结菇之间有关联。覆土后，改变了营养条件，促使菌丝在营养较差的土层中，由营养生长转为生殖生长。

其四，从生产实践观察，气候、覆土的含水量和蒸发量等，在结菇中起重要作用。覆土层可随时供给蘑菇生长所需要的大量水分。

其五，覆土可支持双孢蘑菇子实体的正常生长。

其六，覆土对堆肥表面菌丝的物理刺激作用，可促进结菇。

其七，覆土层在料面可以形成一个温度、湿度较为稳定的小气候环境，有利于结菇。

二、覆土的作用

覆土对双孢蘑菇的菌丝生长阶段向子实体生长阶段的转变起到了非常重要的作用，如果不覆土，菇床上将不结菇或很少结菇，双孢蘑菇菌丝体将一直以菌丝的形式继续生长，而不形成子实体。覆土中的某些细菌（如臭味假单孢杆菌）、小气候的变化等，对双孢蘑菇子实体的形成起到了诱导作用。覆土还有防止堆肥干掉和病虫害侵害的作用，覆土也为子实体生长提供水分。生长 1 kg 的蘑菇需要 2 L 水，这些水很大部分从覆土提供。

三、覆土的选择

覆土是向堆肥输送氧气的通路，同时也是把堆肥中的二氧化碳扩散到空气中的通路，高浓度的二氧化碳积累在堆肥和覆土中后，原基的形成就会受到阻碍。

菇床的覆土需具备：一是吸水保水持水力高（团粒结

构)，二是孔隙度大，通气性好，即使经常喷水也能保持较好的团粒结构；三是中性和微碱性(pH 值在 7.2~7.8)；四是没有病虫害的污染源(不含杂菌和害虫)；五是不含营养成分(没有碳水化合物、蛋白质等)；六是盐分低(不含镁、钠等)；七是含钙(改善结构)，不含未分解的有机物(污染的营养源)。

双孢蘑菇栽培覆土的土壤以含黏土 40%左右的腐殖壤土和泥炭土为最好。

四、覆土的调制

(一)覆土选择

根据栽培实践，双孢蘑菇高产的覆土材料要求是通气性和持水性都好的土壤，目前在蘑菇栽培中比较常用和合适 的土壤主要有下面几种：

1. 泥炭土

欧美国家栽培蘑菇使用的覆土材料主要是泥炭土。泥炭土也叫草煤，是由植物尸体埋入地下，经长年沉积、埋压而形成。泥炭土具有结构疏松、吸水性强、持水性好(含水量可达80%~90%)、酸碱性适中、杂菌和病虫少，便于蘑菇菌丝向土层生长，有利于子实体的生长发育。如荷兰的蘑菇栽培者使用泥炭土做覆土材料，其配方为：泥炭土 75%(其中70%黑色泥炭土+30%的白垩土)+25%的甜菜渣，一次性覆土 4 cm。

2. 水稻土

水稻土是指栽培水稻的田里的土，是我国双孢蘑菇栽培者常用的覆土材料，理化性质比泥炭土差很多，但使用得好也能取得很好的栽培效果。水稻土要取团粒结构好的壤土，先铲去表土，取表土下 30 cm 左右的土，取回后摊开暴晒，目的是通过暴晒利用太阳的紫外线进行杀菌，另外可以改善土壤的理化性状。晒干后敲碎备用,土壤颗粒最大不能超过拇指大。

3. 麦田土

麦田土是指取自栽培小麦的田中的土壤,这在西北地区栽培双孢蘑菇时常用。取用标准参照水稻土。

4. 草甸土

草甸土是指在草原或草地上的土,由于草长时间的生长,在草皮下面会形成一层厚厚的黑色土壤,这层土壤叫草甸土。草甸土经过长时间的腐熟,其理化性质很适合双孢蘑菇的生长。取土时先铲去草皮,取草下面的腐熟黑土,取回后摊开暴晒。草甸土在西北一带使用,应当注意不要破坏草原生态,所以不主张推广。

5. 细土+砻糠覆土

就是将普通的壤土加砻糠制作成通气性强、持水性好、双孢蘑菇生长发育好的覆土。其制作和使用技术如下:

(1)细土准备:在覆土前 7~10 天,挖取地表 20 cm 以下的稻田土或麦田土,敲碎后过筛取细土。

(2)砻糠处理:选新鲜无霉变的砻糠,放在太阳下暴晒几天,然后再放在 pH 值为 10 的石灰水中浸泡 24 小时,还要用 0.5%的敌敌畏液喷洒杀虫。

(3)细土和砻糠混合:把细土和砻糠混合,在混合土中加入石灰进行堆置,用甲醛进行消毒,pH 值调节和覆土消毒方法后面具体介绍。

(二)覆土处理

1. 加石灰和调节 pH 值

为了抑制土中微生物的生长和调节土壤的酸碱度,需在土壤中添加石灰和碳酸钙。添加量为：黏壤土加 2%~3% 的石灰，也可按栽培面积来加石灰，一般 100 m² 面积的覆土加 50~75 kg 的生石灰，4%~5% 的碳酸钙，覆盖 100 m² 面积的双孢蘑菇菇床用土 4 m³，把添加的石灰、碳酸钙和草木灰 100 kg 拌均匀后，堆成火山形的土堆，堆顶挖穴灌水堆制 5~7 天，使覆土的 pH 值稳定在 7.5 左右。

2. 加稻谷壳

黏性大的土壤，可拌入 4%~5% 砻糠，砻糠应选用新鲜无霉变的，堆制前经太阳暴晒 2~3 天，后用 pH 值为 10 的石灰水浸泡 24 小时，覆土前一天用福尔马林液或敌敌畏液消毒，经消毒的砻糠（谷壳）覆土时拌入土中。

五、覆土的消毒

土壤中含有大量微生物和害虫，沤制过的土在覆土前必须消毒，杀灭土壤中的病菌和害虫。覆土的消毒是有选择性的，不可能把覆土变成无菌状态。消毒的目的主要是杀死疣孢霉、褐斑病、轮枝孢霉、细菌性斑点病等病菌和线虫、螨、菇蚊、菇蝇的卵和幼虫等。

（一）用甲醛消毒

甲醛的水溶液叫福尔马林（含量为 35%~40%），一般 100 m² 面积的覆土用福尔马林 1 kg，配成浓度为 2%~4% 的福尔马林溶液，在经消毒的水泥地上，铺上 15 cm 厚的土粒，然后喷洒福尔马林溶液，再铺上 15 cm 的土，再喷药，这样反复堆成梯形的土堆，后用塑料薄膜密封盖住 2~3 天。但气温在 15℃ 以下时，用福尔马林消毒效果差。消毒后，应多次翻动覆土后才能使用。

(二)蒸汽消毒

把土粒装入 20 cm 深的箱中，放入可以密闭的消毒室内,把箱堆叠起来,通入蒸汽,土粒不能太干,不然会影响杀菌效果,在 60℃温度下消毒 3~5 小时,时间不能超过 5~6 小时,如果覆土蒸的时间过长、温度太高,会使长菇推迟和产量降低，这可能与双孢蘑菇结菇需要某类细菌而又受到气蒸的严重干扰有关。也可把土覆盖在可通蒸汽的管道上,通蒸汽时用塑料薄膜把覆土盖住消毒。

六、覆土前的菌床管理

覆土前应把菌床整平,用手拍动菌床,促进菌丝断裂生长。菌床较干的,应喷水增湿,水中加高效低毒的农药防止病虫生长，还可喷蛋白胨和蘑菇生长素 1 号等营养液复壮菌丝。喷水后关闭门窗促使菌丝生长,待床面上的菌丝发白后再覆土。

另一种方式是:菇床上堆肥干透时,覆土前不喷水,待覆土后,采用重水浇淋的方法补水,连续 3 天间歇淋水。步骤是:覆土后用洒水壶一样的喷头,直接往菇床上淋水,淋到水从床底下漏出为止，然后进行 24 小时连续大通风,第二天不淋水;第三天继续按上面方法淋水,第四天大通风,不淋水;第五天再淋水,然后大通风,整个淋水期间都不关门窗,进行大通风。这种间歇淋水的方法,既能补充堆肥的水分,又不会造成堆肥的不通气,菌丝经这样处理后,生长非常旺盛。这种方法很适合在自然条件下栽培,菌丝长满后由于气温太高不宜覆土,只好用把堆肥通干的管理方法。堆肥通干有利于改善堆肥的物理性状,增强堆肥的通气性,菌丝通过干湿的变化会断裂,加湿后反而生长更旺盛。

七、覆土

覆土时使用的用具要求干净(经消毒的),覆土前的土壤的含水量在 55% 左右(用手握能成团、落地后散成碎块为准),土壤颗粒小于 1 cm³,均匀地铺在菌床上,覆土厚度 3~4 cm,第一次覆土厚 2 cm 左右,以后再补土至 3~4 cm。覆土厚度要求均匀,不然,菌丝可能开始在一个位置已经长到覆土层表面,而在另一个位置才长入一半覆土层。只有在覆土层厚薄一致时,菇蕾才不至于在覆土下形成地雷菇和在薄覆土层上形成质量不好的菇蕾。当覆土厚度不均匀时,在喷水阶段可能导致水漏过覆土层薄的部位,而较厚的部位覆土仍然处于干的状态,造成覆土层的水分不均匀,影响出菇和产量。

八、覆土后的管理

覆土后的管理好坏对蘑菇的产量和质量影响很大,要使双孢蘑菇子实体数量多、质量好,就必须使双孢蘑菇的菌丝体往土层生长,并且要能够向上生长至土面,然后通过出菇管理措施把结菇部位定位在表土下面,所以覆土后的管理是项技术性很强的工作,必须根据双孢蘑菇的生物学特性和当时的气候条件,来采取合理的管理措施。覆土后通过喷水、温度、通风等管理,促使堆肥中的菌丝体往土层上旺盛生长,为子实体的形成和高产打下基础。

(一)水分的管理

1. 在覆土前菌床干没有补水的,在覆土后当天浇重水,每平方米 4 L,覆土后第三天浇第二次水,每平方米 2.5 L,覆土后第五天浇第三次水,每平方米 1.5 L。在浇水期间把所有门窗打开,持续通风,第三次浇水后通风 3 个小时,然后关闭门窗,促使菌丝往土层生长。

2. 西北气候干燥,在覆土后应把菇房的地面、墙壁和床架喷湿,使菇房的空气相对湿度保持在 85%~95%,应紧接着给覆土喷水,覆土后的头 3~4 天,每平方米需要洒 6~8 L 的水,每次每平方米洒 2~3 L,使覆土含水量达到覆土最大持水量,第三次喷水后,检查土壤的含水量,如果土粒仍有"白心",未湿透,应再一次喷水直至土粒湿透为止。喷水应少量多次,注意防止覆土板结。当覆土能很容易挤出水时,覆土湿度就够了。第二次喷水时喷 0.5%的福尔马林溶液,关闭门窗过夜,第二天上午通风。

3. 在第 7~8 天,菇床应每隔一定时间喷少量的水,保持覆土一定的湿度,以后的几天中,每次每平方米可喷 0.5~1 L水。当蘑菇菌丝长入覆土层 1 cm 时需要比较多的水分,而到8~10 天,菌丝达到覆土层 70%时(覆土表面的 40%被白色的菌丝覆盖),这时水分蒸发多少就补喷多少,喷水不能太多。

4. 如果出现覆土板结,可在覆土后的第 6~7 天,用布满铁钉的画线板在土层上画线,把充分潮湿的覆土层弄粗糙。

5. 结菇前覆土的水分管理:结菇前后的水分管理是双孢蘑菇出菇管理的关键技术。结菇前几天覆土不喷水并结合加强通风,使覆土层水分降低,让覆土层偏干点,即使覆土表面干至稍发白也无碍,使菌丝在覆土层内健壮生长。

(二)温度管理

覆土后要通过调节覆土的温度和菇床的氧气含量促使双孢蘑菇菌丝强壮迅速地生长到覆土中,并开始形成菇蕾。

1. 双孢蘑菇菌丝生长的最适温度为 24℃~26℃,所以覆土后一周内,保持菌床温度为 24℃~26℃,菇房室内温度为

21℃~22℃,双孢蘑菇菌丝将以每天 3~4 mm 的速度生长。覆土浇水后的一周内,由于菌丝的旺盛生长,菇床温度会急剧上升,会比室温高 5℃~6℃,应及时调节室温,抑制菇床温度的上升。

2. 气温较高,菇房内室温高于 27℃时,一定要及时采取降温措施,菇床温度如长期高于 28℃易发生褐霉,但在通风降温时应注意避免覆土层中的水分的散失, 特别是在菌丝还没有长入土层中时,过早通风、通风太强和时间太长,不利于菌丝往土层中生长,会使菇在覆土层的深处形成菇蕾,变为地雷菇。覆土后床温长时间在 28℃~30℃,会造成以后菇床中间不出菇,如加上通风不良、覆土层又太湿,可能会产生灾难性的后果,造成堆肥中的菌丝全部死亡消失,堆肥变黑。笔者在西北夏天进行双孢蘑菇栽培时经常遇到这种情况。

(三)通风管理

通风是调节菇房内温度和二氧化碳浓度的主要手段,二氧化碳浓度是决定双孢蘑菇菌丝体结菇的重要因素之一, 通风的好坏, 影响双孢蘑菇菌丝在覆土生长发育的好坏, 也影响双孢蘑菇产量和质量的好坏。覆土后的 6~7 天内,在温度正常的情况下,尽量少通风,保持菇房空气相对湿度 85%~95%,防止通风过量,菌丝在覆土层生长不良,过早结菇,特别是气温在 18℃以下时。通风量只要使菇房内的空气能循环流通就够,当菌丝有少量冒出土面时, 适当通风,使菇房保持较高的二氧化碳浓度(1%~2%),以利菌丝往土层中生长。当双孢蘑菇菌丝还未在覆土层长足,气温又在 18℃以下时,菇房不能通风,防止菇房内的二氧化碳浓度太低而过早结菇,影响产量。当菌丝已长透覆土层,应加大通风量,使覆土层稍干,以诱导原基形成。

(四)补土管理

第一次覆土时,一般先覆 2 cm 左右,有利于菌丝往土面生长。当菌丝长至覆土表面呈白色时,进行补土,补土后菌丝继续生长至覆土表面呈白色时再补土。一般补土 2~3 次,直至覆土层厚达 3~4 cm 为止。补土时用的土要经过消毒,水分控制在土能成团但不粘手。

第九节　原基诱导管理

菌丝体在覆土层长足后,就应马上改变管理措施,创造菌丝体向子实体转化的小气候条件,使菌丝扭结,形成子实体原基,从而发育成菇蕾。原基诱导管理的内容是通风、降温、降低二氧化碳浓度、增加水分,促使菌丝扭结形成原基,使蘑菇的生长从营养生长向子实体生长过渡。

一、蘑菇的营养生长和生殖生长

根据研究报道,双孢蘑菇菌丝在堆肥中的生长条件和长入覆土层的条件几乎是相同的, 比诱导原基形成的条件更宽, 在一定范围内高的盐浓度和二氧化碳浓度对菌丝生长没有什么不良影响,而对诱导原基形成有很强的抑制作用。

覆土的物理结构、菇房的环境和出菇的管理,对蘑菇子实体的生长有重要作用。反复喷水造成覆土板结,影响了覆土层和堆肥的气体交换,二氧化碳浓度升高,影响原基的形成,二氧化碳浓度达到 0.2% 以上时,原基的形成就会受到限制。蘑菇子实体数目的多少和覆土材料有很大关系。蘑菇子实体原基的最适二氧化碳浓度为 0.04%~0.08%,二氧化碳浓度在 0.2%以上,蘑菇的原基形成受到限制,只进行营养生长。

蘑菇原基形成和覆土中无机盐的浓度有关系, 特别是覆土中的镁,对原基的形成是有害的,高浓度的镁会造成蘑菇减产。

覆土中的细菌是蘑菇形成的重要因素,研究发现,有一类细菌(臭味假单孢细菌)与蘑菇原基的形成有关联,可能原因是:蘑菇菌丝体在生长过程中产生的挥发性代谢产物,如乙醇、丙酮、乙酸、乙酯等会抑制原基的形成,而这些物质在覆土中被细菌作为营养分解掉,结果诱导了原基形成,覆土灭菌后不会诱导原基形成。

原基的形成需要大量的营养和水分, 在覆土层必须要有大量的菌丝,菌丝和菌丝在相反的方向融合形成菌索。菌索起着把堆肥中的营养物质往覆土层的菌丝先端部位输送的作用。参与菌索形成的菌丝是气生菌丝,基内菌丝不参与菌索的形成。菌索的形成和温度有关联,在覆土后 2~3 周之内菌索形成达到最大量, 温度在 10℃时菌索少,16℃~20℃,菌索达到最大量后,随着采菇的进行而逐渐减少,在中途没有其他菌索在覆土中产生。也就是说,覆土中潜在的原基数目在采菇之前就已经确定了。如果全部的原基都发育成子实体的话,每 10 m² 可产 1600 kg 的菇,因此,覆土后 2~3 周和采菇期的管理是非常重要的。覆土后温度维持在 22℃~24℃,原基不会长大到 2 mm 以上,为了原基长大,必须低温处理。研究认为,低温刺激不是诱导蘑菇原基形成的主要原因,温度下降到 16℃以后,原基就正常长成子实体,必须低温的时间是原基长到 6 mm 的 2~3 天,以后在稍高温的条件下会促进原基长大, 从直径 10 mm 的子实体长大到菌幕破裂的天数，在温度超过 10℃~25℃范围时，与温度存在线性关系，温度每上升 4.6℃，蘑菇成熟提早一天。

高浓度的二氧化碳会抑制蘑菇原基的形成，同时对子实体的长大也有影响，菇房二氧化碳浓度达到 0.3%~0.5%时，菇柄会伸长，如果接近 5%，菇柄就会异常生长，菌盖不长，形成畸形菇。

双孢蘑菇子实体的水分在 90%以上，但不能防止子实体的水分蒸发到周围环境中，在正常的管理条件下，子实体的蒸发量是：菌盖直径 10 mm 的子实体一天蒸发 1 ml 以下，菌盖直径 20 mm 的子实体一天蒸发 2~4 ml，普通正在长大的子实体，水分的蒸发量是 6 ml/h·m²，如蒸发超过这个标准，蘑菇的子实体表面就会变成鳞片状，变褐色。

二、降温

蘑菇子实体原基形成的适温为 16℃~18℃。在覆土后的第 10~14 天之间，菌丝已经在覆土层中长足，菌丝长至覆土表面时要把菇房的温度降至 15℃~17℃，菇床温降至 18℃~19℃，促使菌丝变粗扭结，形成线状菌丝。在 24℃以上极少形成原基，在 10℃以下的温度原基形成的数量也少。但据研究认为，低温刺激不是诱导蘑菇原基形成的主要原因，低温是促使原基长成子实体的条件，温度下降到 16℃以后，原基就正常长成子实体，必须低温的时间是原基长到 6 mm 后的 2~3 天。西北地区夏季栽培遇到气温高时，可利用内陆地区气候日夜温差大和地下水水温低的特点，在夜间打开门窗通风，并喷水调温。

三、通风

最适合双孢蘑菇原基形成的二氧化碳浓度为 0.04%~

0.08%。二氧化碳的浓度高于 0.2% 以上时会抑制双孢蘑菇子实体的形成。菌丝长满覆土层、在覆土层中长足以后，应结合降温加强通风，使覆土表面干燥，抑制菌丝往覆土表面生长，把菇房的二氧化碳浓度降至 0.1% 以下，以诱导双孢蘑菇菌丝扭结变粗形成线状菌丝，并进一步发展成子实体原基。根据笔者的试验，菌丝体在覆土层长足后及时进行大通风，降低二氧化碳的浓度，让覆土稍干点，过几天后用手指挖开覆土观察，会发现在覆土层中有大量的白色米粒状的子实体原基，随后温度降低后，打结菇水，床面上就会形成大量的小菇蕾。

四、喷水

双孢蘑菇子实体原基的形成，还受土层中盐分浓度的影响。在栽培过程中，可溶性盐类会随水分从菇床表面蒸发而向覆土层移动。覆土层中可溶性盐类浓度增加，会抑制原基的形成。喷水可降低土壤中可溶性盐的浓度，有利于原基的形成。另外，补水可保证原基的发育过程所需要足够的水分。

第十节　出菇管理

正常温度和管理条件下，第一潮菇的采收大约在覆土后 18~25 天，一般每潮菇以 7~10 天为一个周期，在工厂化栽培中，采菇期大约为 5~8 周时间，我国在自然条件下的季节性栽培采收期长达 120 天左右。蘑菇的产量和质量由培养基、覆土、菌种、环境条件和管理方法等因素决定，出菇管理技术对双孢蘑菇的产量和质量影响很大，而管理技术又不是机械的，不能完全量化。蘑菇出菇管理是种艺术，是栽培者一进入菇房,就能感觉到菇床上的蘑菇需要什么,并创造蘑菇需要的条件。这种艺术不能从书本上学到,而要经过长期的实践经验,形成一种感觉。所以,管理技术也是双孢蘑菇栽培者最不容易掌握的,是一辈子都学不完的。而双孢蘑菇栽培的技术书籍在管理方法部分往往不能表述清楚,有基本的管理方法,需要栽培者根据实际情况去不断总结体会,找出适合自己栽培场的管理方法。

一、菇蕾的生长发育

双孢蘑菇子实体是如何生长发育的呢?观察单朵蘑菇时,可以发现,首先由线状菌丝扭结形成一个小球开始(即原基或菇蕾),原基在适宜条件下7天会长成黄豆大小的菇蕾,然后细胞开始分化,形成菌柄和菌盖,如果条件适宜黄豆大小的菇蕾就生长发育成成熟的双孢蘑菇子实体,3~4天内就可以采收。如果这朵蘑菇留下不采,它就会继续生长发育,并且在菌盖下面出现菌幕,以后菌幕破裂,菌盖扩展,菌盖下面就可看见粉红色的菌褶,在这些粉红色的菌褶上形成了大量的紫色孢子并弹射出来,大量孢子弹射后,子实体就完成了它的使命,这朵蘑菇就开始衰败。这就是双孢蘑菇子实体的整个生长发育过程。具有商品价值的蘑菇子实体应在子实体菌盖还未展开、菌膜未破裂时采下。在适宜的条件下,由原基长至具有商品价值的子实体(即到可采收的时间)需10~12天。

二、菇潮

双孢蘑菇子实体的收获不是一次性的,而是多次生长、多次收获。蘑菇子实体生长会出现高峰期和低潮期,像潮水一样,这种周期会重复出现,这就叫菇潮。每生长一次、收获一次的周期俗称为"潮"。双孢蘑菇子实体开始生长时,通常先在边缘出现,而不会连续整齐地出现,菇蕾出来3~4天后许多子实体就可以采收了,菇床上子实体生长量达到高峰,但是过后量迅速减少,几天后完全停止,与此同时,新的菇蕾正在发展成成熟的子实体,再过几天形成另一个生产高峰。这就叫一潮菇。每潮菇的高峰期只有1~2天,而后数量逐渐减少,如果把每潮菇子实体发生的数量和时间画成曲线,就可看到每潮菇之间的菇峰和菇谷。两潮菇间隔的时间一般为7天,在自然条件下栽培一个产季一般可采收五潮菇,但主要产量集中在秋季的前三潮菇,占产量的70%左右。每潮菇都能形成高峰,尽可能形成3~4次子实体发生量大的菇潮,才能取得高产。

两潮菇之间的天数受采收期间菇房的温度、采收时刻等影响,如果双孢蘑菇子实体留到开伞时再采收,双孢蘑菇子实体保留在菇床上的时间较长,两潮菇之间的时间也就较长。在管理过程中,应使子实体转潮快。

可以采收的蘑菇留在菇床上不采收,下一潮菇的菇蕾就不会进一步发展,因为,下一潮菇的养分被留在菇床上的菇消耗了。菇床上的菇蕾不是一样大小的,较小的菇蕾无法与较大、较快生长的菇蕾竞争,会停止生长。为了使尽可能多的菇蕾同时发展,在装堆肥时要尽可能使堆肥分布均匀和平坦,播种要均匀,菇床要压平,使床温和床中间的二氧化碳浓度到处一样,覆土层厚度和含水量一样,这样就可使菇蕾同时整齐长出。

三、喷水管理

喷水技术是栽培双孢蘑菇的最重要、最难掌握的技术,是影响双孢蘑菇产量和质量的关键技术。双孢蘑菇子实体生长发育需要的水分是来自于覆土,还是来自于堆肥?研究认为,子实体生长发育是从堆肥中吸收水分的,覆土只是为堆肥输送水分,堆肥水分不足时,从覆土吸取水分来补充。所以栽培双孢蘑菇应从以下几个方面来进行水分管理。

在制作堆肥时,应加足堆肥的含水量,使播种时堆肥的含水量达到65%~68%。堆肥水分不足会影响子实体的生长,堆肥干掉后,幼菇就会开伞。所以在出菇管理过程中,菇房的空气湿度要保持不能太低,覆土要保持合理的水分,防止堆肥干掉。

第一潮菇的结菇水:打结菇水前,覆土要先通风3~4天,抑制菌丝往覆土面生长,让覆土表面稍干点,然后在覆土面撒一层细土,把覆土表面的菌丝盖住,以保护菌丝,同时也可防止子实体生长在覆土表面。覆土管理结束后,在自然条件下栽培的,当气温下降稳定在18℃以下时,配合通风和降温措施,进行打结菇水,结菇水要喷重,分多次轻喷,把覆土含水量调到很容易从一把覆土中挤出水为止,并且不断地往墙壁和地板上喷水,保持较高空气相对湿度。不过要做到这样的含水量只有泥炭土的覆土材料才能达到,国内大部分使用的覆土材料持水性都没有泥炭土好,所以就给水分管理带来难度。结菇水要喷到覆土中的含水量能保持到菇蕾生长到黄豆大小为止,因为,在菇蕾生长到黄豆大小前是不能喷水的,喷水不当易造成菇蕾的死亡,只有待子实体生长到黄豆大小时,才能喷重水。

喷水用的喷嘴不能太细,喷雾器不宜用来给蘑菇喷水,要另外加工喷嘴,喷嘴的出水要像细雨一样,既能供给水,又不损伤蘑菇和封闭覆土层。

菇蕾长大的水：从菇蕾平均生长到黄豆大小时起，蒸发量就会急剧增加，必须给予更多的水，使供给的水量和蒸发损失的水量平衡，使菇蕾长大。根据研究，蘑菇子实体生长需要的水取自于堆肥。有经验的菇农会根据菇床上菇蕾的多少、大小和天气情况来决定喷水量。每生长 1 kg 的蘑菇需补充 1 L 的水，每次喷水量每平方米不超过 1 L，每天喷水两次。根据菇床上可产菇的数量分 4~5 次补足水分。子实体快成熟时不能喷水，此时喷水会造成菇柄伸长，菇的含水量增加，影响菇品质。喷水要在高峰期前进行。

在第一潮菇的采收过程中，已诱导第二潮菇原基的形成。但是，通常由于第一潮菇生长消耗了大量水分，菇床上的水分已经严重不足，不能满足第二潮菇蕾生长需要。因此，不能延长第一潮菇的采收时间，应把菇床上的零星的小菇全部采掉，把全部精力放在培育第二潮菇上。

在第一潮菇采收结束时，马上要大量喷水，促进第二潮菇子实体的生长。当预计第二潮蘑菇每平方米有 5~6 kg 时，分 4~5 次喷水，每次喷水不能超过 1 L，一天喷两次。喷水步骤和第一潮菇一样。

第三潮菇喷水时要更加小心，因为菇床上的蘑菇数量减少了，喷水量也应减少，因为菇床菌丝的活性降低，通风也减少了，使覆土中水分的蒸发也降低。第三潮后蘑菇子实体生长量逐渐下降，所以必须减少喷水量。

第三潮菇采收以后，由于菌丝的活力降低，菇床上的子实体数量减少，对水的需要量也减少。因此第三潮菇采收后不能马上喷水，喷水量根据可产菇的数量相应减少。

喷水的方法因环境、季节的不同,有不同的方法。一个栽培者要把一个菇房中所用的水量和另一个菇房中用的水量进行比较是完全不可能的。喷水的方法必须适应于各种环境。如夏季温度高,通风加大,蒸发量增加,需要喷更多的水,而气候既温暖又潮湿时,则相反。

不同覆土要按不同的方法喷水,单纯泥土吸收的水量要比泥炭土化合物吸水少得多。

检查覆土的含水量时,不仅要检查覆土层的表面,而且要检查覆土和堆肥层的交界处,有时喷水量太少时,这个部位会太干,使堆肥和覆土之间的连接断开,引起菇蕾死亡。所以喷水时要用特殊的喷嘴,让水能渗入整个覆土层,而又不破坏覆土层的通气结构。检查覆土层的含水情况时,可用指尖插到覆土下层,检查覆土的水分,水分过少时,覆土和堆肥的交界处干而分开。

当菇蕾在已经干燥的覆土中产生时,每次喷水不要过多,最好经常喷洒少量的水,逐步把覆土层的水调到需要的含水量。如果一次加入的水太多,蘑菇不久就会死亡,呈现出像受到干僵病危害一样的外观。

当覆土层有足够的水供给第一潮菇时,栽培者通常犯的错误是在第一潮菇后,或者在第二潮菇前,没有立即喷足够的水,在这种情况下,会变得太干,第二潮菇的质量会很差。如果试图在第三潮菇之前通过大量喷水来纠正这种错误,那么在第三潮将没有菇蕾出现,覆土的水分蒸发少,会给后面的菇潮留下过高的含水量。

子实体快采收时喷水,会造成子实体上有水滴,可能发生斑点病。为防止床面水分过度蒸发,在出菇期间,应保持菇房的空气相对湿度在90%~95%。喷水时注意每次喷水量不能太多,要分次喷水,使土层上下补充到需要的含水量。水不能漏到堆肥层,否则会造成堆肥发黑,菌丝死亡。喷水量还应根据天气变化调整,天气干燥、温度高,喷水量要增加;反之,减少。另外,在喷水前打开菇房的通气窗进行通风,喷水后继续通风换气,使子实体表面干燥。

四、温度管理

子实体原基发育和子实体生长最适宜的温度是14℃~16℃,子实体发育期间应把室温控制在14℃~16℃之间,床温控制在19℃以下。温度太高,不利原基的形成,温度超过22℃,蘑菇就停止生长,23℃以上温度超过3天,形成的原基和小菇蕾,由于营养输送倒流,会造成大量死亡

双孢蘑菇生长期的温度最好控制在14℃~17℃,这个温度不仅适合蘑菇子实体的生长发育,还可以抑制病虫害的繁殖。在第一潮菇和第二潮菇生长期,由于子实体数量多,菇床温度会更高,应把温度降到14℃,以保证蘑菇质量。第二潮菇结束后,菇床上的子实体发生量减少,通风也要慢慢减少,第三潮菇后把室温降到17℃,有利于菌丝恢复,促进转潮。如果要延长采菇期,如遇到节假日,可把温度降到12℃以下。但是利用低温来延长采收期,会使蘑菇减产。

温度高还会造成菇蕾呼吸增强,消耗养分,积累高浓度的二氧化碳,影响子实体原基的形成。长期高温缺氧,会造成覆土层下的菌丝体由于缺氧,进行无氧呼吸,使菌丝闷死退菌、堆肥变黑,造成栽培失败,笔者在西北进行双孢蘑菇夏季栽培时常出现这种情况。在子实体生长温度范围内,当温度升高时,子实体生长加快,易开伞,菇盖薄,菇柄长,质

量差;当温度较低时,子实体生长慢,不易开伞,菇盖厚,菇柄短,质量好。温度在 10℃ 以下,形成的原基和菇蕾数量少。前一潮菇采收结束后应稍提高温度,有利于下一潮菇的生长。

五、通气管理

根据研究证明,影响双孢蘑菇子实体生长发育的三大环境因素是二氧化碳浓度、温度、湿度。双孢蘑菇子实体生长发育期间理想的环境条件是:采收前二氧化碳 0.1%,温度 16℃~18℃,空气相对湿度 85%~95%;采收中二氧化碳 0.06%,温度 14℃~17℃,空气相对湿度 70%~90%。要达到这个要求,双孢蘑菇子实体生长期间的空气调节是十分重要的管理内容。在生产实践中往往重视不够,因而造成损失。双孢蘑菇的菇房必须经常通风换气,以保持双孢蘑菇生长有足够的氧气。通风的主要目的是排除二氧化碳、热量和水分。

(一)排除二氧化碳

双孢蘑菇子实体在生长过程中,特别是喷水后,菌丝活力增强,子实体发生量大时,二氧化碳的浓度会急剧增加。菇床上长满子实体时二氧化碳积累在覆土和菌盖的间隙里,二氧化碳浓度可达到 0.3%~0.5%,而外界空气中的二氧化碳浓度是 0.03%~0.04%,菇床上二氧化碳浓度是外界空气中的 10 倍。据测算,子实体在生长过程中 1 kg 子实体平均产生 190 g 二氧化碳。在头三潮菇中,当温度在 16℃ 左右时,堆肥二氧化碳产生量为 0.06 g/h·kg~0.08 g/h·kg。三潮菇以后,子实体生长量少了,二氧化碳的产生量减少一半。在正常生长温度下,生长在菇床上的 1 kg 蘑菇每小时将产生 1 g 的二氧化碳。菇床中的温度每增加 1℃,二氧化碳产生量就增加20%。因此,当菇床温度20℃时,产生的二氧化碳量大约是菇床温度为16℃时产生二氧化碳量的两倍。

为了提高双孢蘑菇的产量和质量,室内二氧化碳浓度必须保持在0.06%~0.08%以下,因此,每平方米菇床产生1 kg子实体时,每小时每平方米需要1 m³的通风量。

当二氧化碳浓度达到0.2%时,对蘑菇子实体的形成和生长造成有害作用,长到黄豆大小的菇蕾,会发展成轻而薄的蘑菇,菇蕾的盖变薄、柄增长,二氧化碳浓度过高时小菇蕾会形成厚的洋葱形菇脚,如果在覆土层中或接近覆土层的二氧化碳浓度超过0.3%~0.4%就不会出现菇蕾,会在覆土表面冒菌丝。

通风时,应能够在菇床表面形成空气流,这样才不仅能把菇房空间的二氧化碳浓度降低,而且可把菇床的二氧化碳浓度降低。夏季通风时外界气温高,通风应放在晚上,冬季通风则应在中午进行。为了使菇房内二氧化碳浓度达到子实体生长发育的要求,菇房内最好有二氧化碳测定仪,通风不是每天通几次的问题,而是要把菇房内多余的二氧化碳排出的问题。

双孢蘑菇栽培者应通过观察子实体生长状态、外界气温来控制通风量和通风时间。栽培者可在每天刚进入菇房时感觉菇房内的空气新鲜还是不新鲜,如感到不新鲜了就要马上通风。

检查风向和风速时,可将香烟的烟雾吹到菇床上,看烟雾消失的方向和速度。

(二)除去热量

子实体在生长发育过程中会产生大量的热量, 使菇床温度升高,不利于子实体的发生和发展。通风除了有可降低菇房、菇床的二氧化碳浓度的作用外,同时还可促进菇床表面水分的蒸发,水分的蒸发可以带走热量。例如,每平方米生长 6 kg 子实体的话,其间有 $8600×103$ J 的热量,必须除去这些热量, 而把 1L 的水蒸发, 需要 $2520×103$ J 的热量,这样, 生长 6 kg 子实体产生的热量相当于使 3.5 L/m^2 的水蒸发所需要的热量。

我国西北空气干燥,蒸发量大,在夏季栽培双孢蘑菇或菇房温度太高时,常利用水来调节温度,通过喷水和通风,可把菇温度降低 5℃。

(三)水分和物质的运输

为了把堆肥中的营养物质输送到生长中的子实体中,需要蒸发掉菇床表面的水分, 所以通风还有利于加快营养向子实体的输送。

快要采收的子实体,通风可使子实体表面干燥,防止细菌性斑点病的发生,提高蘑菇的质量。

通风时,应注意通风量和空气中的湿度,防止子实体产生鳞片、变褐。

通风的时间及次数应根据气候、菇房的位置结构、子实体生长情况等灵活掌握。

六、空气循环

菇房的空气管理除通风外,还包括空气循环部分。通风是把菇房内的空气与外界空气进行交换,导入新鲜空气,排出菇房的空气,把二氧化碳浓度降低,把菇房的二氧化碳浓度维持在 0.08% 以下, 覆土表面的二氧化碳浓度维持在 $0.1\%\sim0.15\%$ 以下。循环是室内空气的回转,使室内各处环境条件均等。所以菇房除了在通风时空气交换流畅外,还要使内部的空气循环好。

空气循环对防止一定面积的温度差别太大和二氧化碳浓度的增加很有必要。例如,紧靠在一起的蘑菇子实体之间二氧化碳浓度有时可能比菇房内空气中存在的二氧化碳浓度高 5 倍,如果靠近菇床的空气流动快,这种二氧化碳才能被排除掉,而靠自然风产生的空气流动不能达到这个效果,必须利用通风机给空气增加循环。当蘑菇子实体生长大片成丛时,在这些丛中,二氧化碳浓度会很高,这将损害蘑菇的质量。研究表明,要获得最佳产量和质量的蘑菇,每小时每平方米床面需要 10~15 m^3 的空气循环。但这种高速流动的空气,应该有一定的湿度,不然会损害蘑菇的质量。

栽培者应该观察双孢蘑菇子实体的特点和形状,发现大的、洋葱形的菇蕾,菌柄长、菌盖小的子实体,说明菇床的空气循环不够,二氧化碳浓度太高。

为了能达到双孢蘑菇栽培房空气循环的要求,最好在菇房中安装二氧化碳测定仪。有种测定菇床空气循环的土方法:向床面喷一口烟,能在 20 秒内消失的话,菇房的空气循环就刚刚好。

七、菇床整理

每次采菇后,应及时清理床面,采掉菇床上的干瘪、变黄、老化的菌索和死菇,挖去菇脚。发现覆土板结后,应及时用小刀松动板结的床面。采菇和挑去菇脚形成的小穴,应用干净潮湿的细土补平,以利于新菌丝的生长,促进下一潮子实体生长均匀。第三潮菇后,为增强堆肥的通气性,在菇床底部刺孔,改善堆肥内的气体交换,促进菌丝的生长,延长出菇时间,提高产量。

清理菇床对改善覆土的结构有好处, 能增加覆土的透气性,有利于提高双孢蘑菇后期的产量和质量。但菇床清理不能等到第三或第四潮菇后进行, 要在每潮菇结束后赶快清理掉菇床上的废物,使菇床保持"最新"状态。如果一潮菇结束时清理菇床,下一潮菇就出现得比较早和更整齐。在一潮菇末尾,菇床上还有零星小菇时,应把小菇采干净,不能等到这些菇长大,这样下一潮菇就会早一天开始,不然就会推迟一天。在一潮菇结束后把菇床采干净的优点是,能更早地为下一潮菇调节好覆土的含水量,并能更好控制病害。在菇潮之间,已经采收干净的菇床可以用0.25%~0.3%的福尔马林溶液喷洒,防止病害、霉菌和细菌性斑点的发生,还可以用熏蒸和喷洒的方式,用除虫菊或敌敌畏来防治蝇类。

八、追肥

追肥是提高双孢蘑菇产量的辅助手段, 追肥时要掌握好追肥的时机和营养液使用的浓度。在菇床表面有杂菌时,不宜使用。常用的追肥营养液有蛋白胨、氨基酸、葡萄糖、菇脚煮出液、堆肥煮出液、硫酸镁等。追肥用的营养物质分为两大类。一类是能使菌丝旺盛生长, 提高菌丝活力的营养液,如市场上销售的蘑菇健壮素1号。另一类是有利于子实体形成和长大的营养液,如蘑菇健壮素2号。蘑菇健壮素1号等可喷在覆土前的料面和出菇前的覆土中, 促进菌丝生长得更好;蘑菇健壮素2号可在子实体长到黄豆大小时喷;蛋白胨、氨基酸、葡萄糖、菇脚煮出液等可随时喷。料面菌丝较弱的,发菌期间可喷2~3次蘑菇健壮素1号,每2~3天喷一次,可使菌丝变得旺盛。第二潮菇后,子实体变小,喷蛋白胨、氨基酸和蘑菇健壮素 2 号,会使子实体变结实、不易开伞、长得更大。但蘑菇健壮素在高温和低温时不能使用,用量要适中。

第十一节　采收

双孢蘑菇子实体长到一定大小后要及时采收,采收时子实体大小的标准根据市场需求来确定。大多数蘑菇在菌盖成熟但仍然结实未开伞时采收,这时菌盖边缘还是往内卷,几乎和柄贴在一起,菌幕完好,看不见菌褶。

各地和不同用途的双孢蘑菇对质量的要求不同,一般制罐头用的双孢蘑菇要求菇盖直径 2~4 cm、圆整、不开伞。各地市场对鲜双孢蘑菇的质量要求不同,如上海、广州、深圳、香港、日本等地市场对菇的质量要求较高,新疆市场对双孢蘑菇的要求是不开伞,越大越好卖,且不切泥根。

采第 1~3 潮菇时用中指、食指、拇指轻捏菇盖,摇动着盖旋转出,尽可能少地带出子实体底部的菌丝,菇脚基部要用锋利的小刀切掉并用桶装走。为防止把土块拔起带动周围小菇蕾,造成小菇蕾死亡,要用小刀切下可采收的蘑菇,注意不要松动周围的小菇。

蘑菇采下后要用锋利的刀片切去泥根,切口要平整,菇柄长短一致。在产菇高峰期和气温高时,防止菇采收不及时,子实体开伞影响质量和价格,每天要采菇 2~3 次。采菇前不能喷水,否则蘑菇子实体易变红。

第十二节　清除废菌料和菇房消毒

一、清除废菌料

蘑菇一个栽培周期采菇结束后，堆肥已不再具备产菇的能力，这时要把菇床上的废菌料清除出菇房。在清料前密封菇房，用70℃的蒸汽消毒，这个温度保持12小时，杀死废菌料中的病菌孢子或活的菌丝体和害虫源，防止病虫源的扩展。消毒后把废菌料清出做肥料。

二、菇房消毒

菇房内废菌料清除完毕后，把地面、床架及四周打扫干净，菇床架用2%的五氯酚钠和漂白粉溶液进行冲洗，在五氯酚钠溶液中预先加入一些碳酸钙，所有的木制品都要用这种溶液来冲洗，用五氯酚钠处理还可以起到防腐作用。地面喷杀虫剂、杀菌剂消毒，菇房空间用硫黄、敌敌畏、甲醛进行熏蒸。

第九章 我国西北双孢蘑菇管理技术

第一节 秋季双孢蘑菇的出菇管理

由于各地的气候条件不同,秋季双孢蘑菇的出菇期和生长状况都不同。秋季出菇管理在我国南方是指 10~12 月的出菇管理,而在西北地区,由于降温早,秋季出菇管理是指 8~10 月份的出菇管理。

第八章已经详细叙述了蘑菇出菇的管理技术,秋菇的管理也包括温度、通风、湿度等方面的管理,管理的原理和要求基本相同,只不过我国西北气候条件比较特殊,栽培双孢蘑菇的设施比较简陋。由于西北地区的气候条件,西北地区的秋菇管理,除了遵循正常条件下双孢蘑菇管理的方法外,还应结合当地的气候条件和菇房环境,采取相应的管理措施。

一、秋季的气候特点

我国西北秋季的气候特点是温度前高后低,从 8 月上旬开始,气温开始下降,气候凉爽,在一些海拔较高地区(1300 m 以上),室内温度已经在 20℃以下,晚上都要盖棉被,气温已经适合蘑菇子实体生长,如宁夏的盐池县和南部山区各县。而青海海拔在 2000~2500 m 的地区,室内温度已经很适宜蘑菇子实体生长。这时极少刮风,少有雨水,几乎都是晴天,气候干燥。进入 9 月份,西北大部分地区气温都已经适合蘑菇子实体的生长。到 10 月份有些地区就开始降雪了,但由于地温还比较高,菇房内温度不会降得很快。

二、播种和出菇季节安排

海拔在 2000 m 以上地区:4~5 月播种,6~9 月出菇。

海拔在 1300~2000 m 的地区:6~7 月播种,8~10 月出菇。

其他海拔地区:7~8 月播种,9~11 月出菇。

三、菇房要求

和南方菇房要求基本相同,但房顶遮阴物要求加厚,以利于保温和隔热。

菇房应坐北朝南。

菇房规格:标准菇房内径长 16 m,宽 7 m。墙南北高 3.2 m 以上,东西山墙脊高 3.8 m 以上;砖墙墙体为三七墙或更厚一些;地平略高于地面或与地面相平;在南北墙各开设高 45 cm、宽 40 cm 对流通风孔,通风孔对准床架走道,按照菇床层数多少,在每排床架走道按一层菇床开一个通风孔;最好在走道顶部设有拔风筒。

菇房内规格:东西向主走道宽 1 m;床架间走道宽 0.8 m;床架宽 1.2 m, 长 6 m; 每架 4 层以上。菇床底层离地面高 0.3 m,顶层离菇房顶高 1m 以上,中间各层间距高度为 0.6 m。每个标准菇房搭建床架 8 付,生产面积为 230 m²。

建菇房材料:砖、薄膜、草帘、水泥杆、竹竿、渔网、尼龙绳等。

顶部覆盖:菇房顶用竹竿、木椽或钢材等材料搭成圆拱形或人字形，用菇房膜封顶，菇房膜上再用草帘或石棉瓦等材料盖严，顶部要求结实、封闭、不透光，抗风、雨、雪。

菇床：用水泥杆或竹竿做立柱，立柱栽入土中埋深 0.4 m，栽成 8 付床架形状；每付床架栽 3 组 6 根立柱，用尼龙绳先将床架横梁（长 1.3 m）捆扎在立柱上，然后将直梁（长 6.1 m）搭在横梁上与立柱一同捆扎结实，挨靠后墙的一头插入墙体；每架搭成 4 层以上床面，各层床面绷上渔网即可使用。搭菇床的材料可就地取材。

菇房间距离：菇房与菇房之间距离为 6~8 m。

建菇房时间：新菇房于 5 月底前搭建完成，老菇房在 6 月底前清理干净并消毒。

四、出菇管理

出菇管理方法基本上和第八章叙述的方法相同。但西北昼夜温差大，湿度低，气候干燥，所以在管理方面应着重注意强调以下方面。

水分管理：由于蒸发量更高，喷水量要比南方多，菇房空间要经常喷湿，保持 85%~95% 的空气相对湿度，晚上温度低时不宜喷水。

通风管理：由于外界空气湿度低，气候干燥，蒸发量大，昼夜温差大，通风时间和方式与南方有所不同，晚上温度低时不宜通风，防止强冷空气侵入菇房，造成温差过大子实体硬开伞。

温度管理：西北气候的特点是气温下降快，气候随时变化且复杂，特别是到 10 月份，有的地方就开始降雪。所以在后期要采取保温措施，通风量和通风方式、喷水量和喷水方式都要改变，喷水量和通风量要减少，通风时间和喷水时间要在白天进行。

第二节　冬季双孢蘑菇的出菇管理

西北地区冬季蘑菇出菇管理,是指在 11 月至翌年 3 月期间的出菇管理。由于西北地区冬天寒冷和干燥的气候条件,冬季双孢蘑菇的管理,除了遵循正常条件下双孢蘑菇管理的方法外,还应结合当地的气候条件,采取相应的管理措施。

一、气候特点

西北地区冬季气候的主要特点是:1. 温度低,气候寒冷,最低气温平均在-10℃以下。但不同地区气温又不同,如新疆是西北冬季气温最低的地区,北疆的阿勒泰地区冬季最低温度会达到-40℃以下。2. 空气相对湿度低,干燥。3. 风大风多,常刮干冷的西北风。4. 太阳光强,太阳能资源丰富。

二、冬季不能出菇的菌丝体越冬管理

菌丝体越冬管理的主要措施是:当气温下降到 5℃以下,没有增温设施的菇房,这时双孢蘑菇的子实体已不能生长,此时双孢蘑菇的栽培进入菌丝体越冬管理。菌丝体越冬管理工作的目的是保温、保湿。具体操作是:

菇床整理:挑弃死菇、老菌丝、菇脚,补平土。

保温:关闭门窗,加厚房顶覆盖物。在西北地区由于气温低,空气相对湿度低,整个菇房要密封,越冬期间不通风以防止堆肥水分损失,影响第二年春季出菇和产量。

三、冬季日光菇房出菇的管理

(一)播种和出菇季节

1. 播种时间:7~8 月份。

2. 出菇时间:由于冬季是利用日光温棚进行栽培,目的是在其他菇房冬季不能出菇时开始出菇,填补市场空白,销路好,价格高。另外日光温棚温度较高,所以出菇季节不能安排太早,要与秋菇房错开。

出菇时间一般安排在 11 月至翌年 4 月。

(二)菇房要求

外面和保温结构与日光蔬菜大棚一样。

内部菇床则只利用大棚后部空间高的大约一半大棚面积,搭两排东西纵向的菇床,大棚前面栽培蔬菜,进行菇菜结合栽培,菇菜中间用黑色的薄膜隔开。菇床上方的菇房顶要日夜盖草帘遮光和保温,前面种蔬菜部分白天把草帘拉起增温,晚上盖好保温。这样利用蔬菜生长部分的温度,可使菇床白天的温度达到 10℃~20℃,晚上温度也在 5℃以上,可以满足蘑菇子实体生长的温度要求。菇菜结合栽培,还有利于进行二氧化碳和氧气的交换,蔬菜光合作用产生的氧气可以被蘑菇生长利用,蘑菇生长产生的二氧化碳是蔬菜光合作用的原料,达到生态型的物质循环利用。

(三)出菇管理

覆土工作应在 10 月底前完成,以防覆土时气温太低,菌丝生长慢,土层菌丝生长不整齐,影响产量。

和蔬菜混合栽培,菇房内湿度较大,病虫害较容易发生,应加强这方面的防治工作。

冬天菇房外温度低,往往是零下十几二十度冰天雪地的气候,所以一般不需要打开门窗通风,主要是进行保温管理。

喷水时一定要根据菇床覆土的湿度和空气相对湿度来

决定，不能过量。

四、冬季加温菇房出菇管理

由于地理位置和海拔的原因，我国新疆冬季下雪时间长，积雪厚，利用日光温棚的条件差，冬季进行双孢蘑菇栽培，不能像宁夏和甘肃大部分地区采用日光温棚来栽培，而是要建保温和能加温的菇房来栽培，所以在出菇管理方面有很大不同。

（一）播种和出菇季节安排

7~9 月，可以利用秋季温度还比较高时先播种。

出菇季节为 10 月至翌年 6 月。

（二）菇房要求

墙体厚度一般要求 1.5 m 以上，要能保温，以用泥土干打垒的墙体好。

菇房顶遮阴物要厚和保温，一般用厚干草或棉被帘覆盖。

菇房内要砌烧煤加温的火道，有的还在房内架火炉。但要布好烟管，把烟排到菇房外。

菇床架不能排太密，层距要大，最多搭三层菇床，底层离地面最少要有 0.5 m。主要原因是冬天外面气温低不好通风，加上菇房内生火加温，二氧化碳浓度会增加。

（三）出菇管理

温度管理以保温管理为主，保持菇房内温度 14℃~16℃。

凭感觉和观察蘑菇子实体生长的形态来判断二氧化碳浓度和空气循环情况，二氧化碳浓度太高时，可适当在中午进行通风，主要还是注意不要把床架排得太密，保持菇房内有比较大的自由空间。

由于在菇房内加温，加上冬季外界空气更干燥，喷水要更多、更勤,但每次喷水不能太多,要根据子实体生长的不同阶段保持好空间的空气相对湿度。

第三节 春季双孢蘑菇的出菇管理

春季出菇管理,主要是指菌丝体经过越冬后,第二年气温回升稳定在 10℃以上时,进行出菇的管理。一般在 4 月份气温回升、树叶发芽时,进入春菇管理。春季的气候变化大,气温变化趋势是由低变高, 与双孢蘑菇的生长发育对温度的要求正好相反。菌丝体经越冬后,菌丝的活力降低,如管理不当,容易出现菌丝萎缩和死菇,容易发生病虫危害。由于西北地区的气候条件,西北地区的春菇管理,除了遵循正常条件下双孢蘑菇管理的方法外, 还应结合当地的气候条件,采取相应的管理措施。

一、气候特点

西北地区春季的气候特点是前期温度低,后期气温高,大部分地区冰雪一般要到 3 月份才开始融化。风多风大,沙尘天气多,湿度低。气温先于地温上升,即使气温已经上升到比较高了,但室内温度还是凉飕飕的。所以即使到 6 月气温已经达到 20℃~30℃,菇房内双孢蘑菇还可以正常生长。

二、菇床整理

出菇季节:4~6 月。用小刀撬动覆土层,同时在菇床的反面用钢钎往上插孔,增加覆土和堆肥的透气性。有利于提高双孢蘑菇后期的产量和质量。

拣去死菇和老菌索, 在菇床有小坑的地方用干净潮湿的细土补平,以利于新菌丝的生长,使春菇能形成更多的菇蕾,提高产量。

三、出菇管理

(一)通风换气管理

气温稳定回升到 10℃,打开全部门窗通风,排除废气。松动菇床表面覆土,在菇床底部刺孔,改善菇床的通气条件。床面结冰的,要把冰块除弃,松动覆土层。

由于气温前低后高,所以通风量也应前少后多,通风时间是:前期温度低时白天中午通风,后期温度高时晚上通风。

由于春菇子实体发生量少,所以通风量要比秋菇少。

后期气温高、湿度大、病虫害发生较多,应加强通风。

西北地区春季气候干燥,刮西北风多, 有时还刮沙尘暴,应避开吹西北风和刮沙尘暴时通风,通风量要小,在门窗上挂薄膜和草帘, 防止菇房内温度变化太大和干燥西北风吹向菇床,造成菌丝萎缩和小菇蕾死亡。

(二)湿度管理

由于春季气温前低后高, 前期蘑菇子实体发生量少、生长慢,所以前期喷水要少,以保持空气相对湿度为主。后期气温高,蘑菇子实体发生量较多,生长速度快,喷水量要适当比前期多。

春菇菌丝体较弱,抗性差,耐水力也差,喷水要比秋菇少。

春菇子实体发生量比秋菇少,喷水要比秋菇少。

喷水时先增加菇房空间湿度, 然后分 3~4 次补充覆土的水分至潮湿。如堆肥较干的,可往菇床上浇水,在两天内,把堆肥的水分补足,加强通风,浇水后 7 天内不再喷水。覆土层和堆肥水分调足后,关闭门窗保温,促使菌丝萌发生长。春季由于双孢蘑菇的菌丝体较弱,可在喷水时添加营养液。

（三）温度管理

春季前期气温低，应以保温管理为主。在西北地区，春季刮西北风多，应避免西北风吹向菇床，通风量要小，在门窗上挂薄膜和草帘，防止菇房内温度变化太大和干燥西北风吹向菇床，造成菌丝萎缩和小菇蕾死亡。

春季后期气温升高，喷水后要加强通风，除去菇床的热量，保持菇蕾表面较干燥无水珠，防止菌丝高温缺氧造成菌丝闷死。

春季前期气温低、温差大，应根据气候情况，把握好通风时间和通风量来调节菇房内温度。

第四节　夏季双孢蘑菇的出菇管理

夏季蘑菇指 5~8 月这段时间内生产的双孢蘑菇。近十年来，为了利用自然条件栽培双孢蘑菇，我国西北的宁夏、青海和甘肃等省（区），利用当地独特的自然地理气候特点，在夏季南方低海拔双孢蘑菇主产区自然条件下不能生产蘑菇的季节，发展蘑菇生产。如宁夏在福建省的支持下，由福建农林大学菌草研究所派出专家和技术队伍进行指导，在夏季栽培双孢蘑菇取得成功；青海省海东地区在福建省菌草开发工程协会专家的帮助下，利用当地独特的地理气候条件，在夏季进行双孢蘑菇栽培。夏季双孢蘑菇的栽培管理除了常规双孢蘑菇管理措施外，还必须根据夏季高海拔地区的气候特点和当地独特的气候因素，因时因地采取相应的管理措施。

一、气候特点

气温高,为一年中温度最高季节,最高气温可达 40 ℃以上(新疆吐鲁番),但在高海拔地区气温低,如青海省。

温差大:一是昼夜温差大,往往白天穿短袖,晚上盖棉被。二是室内和室外的温差大,在外面冒汗,在房子里则清凉。三是树荫下和阳光下温差大,在太阳下晒一个小时可能会让你脱层皮,而在树荫下则凉爽,曾有一个南方人夏天第一次到了西北,为此感到困惑,对当地人说,你这边的树真好,一站到树下就凉爽了。其实不是树和南方不同,而是西北的地理气候特别。

偶有降雨,但降雨量很少,往往整个夏季只有 100~200 mm,所以对提高空气相对湿度的作用有限。

干燥,蒸发量大,蒸发量是降雨量的 10~20 倍,所以一降雨,气温就会急剧下降,下雨后你可同时看到这样的穿衣奇观:有的穿短袖,有的穿毛衣,甚至还有穿棉衣的。凡是夏季在自然气候条件下能栽培双孢蘑菇的,都是海拔和纬度比较高、温差较大的地方,蒸发量大、空气相对湿度低。西北地区这些环境条件为夏季双孢蘑菇的成功栽培提供了可能。

二、播种和出菇季节

(一)播种季节

宁夏高海拔地区夏季双孢蘑菇栽培播种季节:5~6 月。

青海夏季双孢蘑菇播种季节:4~5 月。如气温太低,可在头年秋季播好种,发好菌丝。

(二)出菇季节

宁夏高海拔地区:6~9 月。

青海:6~8 月。

三、菇房要求

坐北朝南,长 16 m,宽 7 m。南北墙高 3.2 m 以上,东西墙脊高 3.8 m 以上;主走道靠南墙,搭两层菇床,菇床层距加大,加大菇房内的空间,减少菇房的二氧化碳浓度和热量,菇房顶设拔风筒。

菇房为半地窖式菇房,下沉地下 50~60 cm,菇房墙顶厚 40 cm 以上,菇房顶遮阴隔热层要较厚,增强隔热功能,创造一个白天菇房内的温度比室外低 5℃~10℃的小气候环境。

菇房墙体要厚,一般要达到 1.5~2 m。菇房顶遮阴物要加厚,以利于隔热。

四、菇床堆肥厚度

菇床上堆肥要装少些,厚度不能超过 15 cm,减少堆肥的热量和二氧化碳的排放,以防止堆肥过厚造成温度和二氧化碳浓度过高,影响子实体生长。

五、出菇管理

(一)水分管理

结菇水应在 5~6 月喷,争取在高温出现时,先出第一、第二潮菇。喷水时间采取在夜间气温低时进行,白天只在菇房的地面、墙壁上喷水,增加空气相对湿度,以水调温,白天气温高时在菇房顶和外墙喷水降低温度。喷水应选择在降温的时间进行,每次喷水量要适当减少。

(二)通风管理

夏季通风时间应避开高温时段,通风时间选在下午气温降低后进行,一般在下午 6 时到第二天上午 8 时进行大通风。白天地窗和拔风筒全部打开,大风天只开背风窗,雨天全天候通风。在喷水前通风量要大，把料温降低，降低二氧化碳浓度，防止缺氧和高温造成菌丝自溶，喷水后通风量要大，使菇蕾表面干燥，防止细菌性斑点病。

（三）温度管理

夏季栽培双孢蘑菇的温度变化幅度和温差大，温度较难调节。主要以水调温，地面、墙体、菇房顶喷水通风降温，控制床面喷水量，即利用增加菇房内外及菇床上的湿度并结合通风来降温，把菇房室温控制在 22℃以下。

六、栽培管理中常出现的主要问题及预防和处理

由于气温比其他季节高，西北地区的夏季湿度也比其他季节的大。这种气候条件不仅不影响双孢蘑菇的菌丝生长，而且很适合；但对子实体生长就不是那么自然，需要通过人为的措施来创造适合双孢蘑菇子实体生长的小气候。这就给双孢蘑菇的出菇管理带来了很大的难度，如判断失误而管理措施不当，就会造成毁灭性的损失。在西北地区工作的十几年中，笔者经常遇到一些栽培者由于管理不当而造成的惨重损失，甚至有的还是有十几年栽培经验的菇农。主要是对当地的气候规律没有掌握，没有处理好双孢蘑菇生长需要的条件与当时气候特点的关系。所以，西北地区夏季双孢蘑菇栽培要取得成功，一是要有丰富的经验，二是要掌握当地夏季的气候规律，应根据双孢蘑菇当时的生长情况，利用当时当地的环境条件，随时采取灵活的管理措施。夏季栽培时杂菌和病虫害危害也比较严重。

（一）栽培管理中常出现的问题

1. 堆肥中菌丝"褪菌"

覆土后不久，堆肥表面菌丝开始萎缩消失，随后越来越严重，最后堆肥中菌丝几乎褪净，只剩下稀疏的菌索状菌丝，整个堆肥层变黏变黑。

2. 菇蚊和菇蝇危害严重

在出菇期间，菇蚊和菇蝇发生的数量多，有时可在菇房内成群存在，造成菌丝被蚕食，子实体被蛀咬，子实体斑点多。

3. 菇蕾死亡量大

菇蕾长出后，经常发生菇床上菇蕾大量死亡，造成产量损失和质量差。

(二)原因和预防处理措施

1. 原因

(1)"褪菌"的原因：覆土喷水过多、含水量太高，通风不够、氧气供应不足；高温时喷水、通风又不够；菇房高度不够、菇床架排太密，菇房内自由空间太少。由于喷水后蘑菇菌丝新陈代谢旺盛，释放的热量和二氧化碳量迅速大量增加，如不能及时、快速除去多余的热量和二氧化碳，就会造成菌丝活力降低，严重的萎缩死亡。菌丝萎缩死亡后，给其他竞争性的微生物提供了繁殖的条件，在高温高湿条件下，细菌等微生物大量繁殖，使堆肥变黏变黑。

(2)菇蚊和菇蝇危害的原因：周围不开阔，存在阻碍菇房通风的建筑物、农作物等，影响菇房通风；菇房内湿度大，菇房周围积水，卫生条件差，菇脚切下后没有用桶装走，在菇房内和周围随处乱扔，给害虫提供了繁殖条件；菌丝生长细弱、不强壮，抵抗害虫的能力降低。

(3)菇蕾死亡的原因：菇蕾在覆土表面形成，结菇部位太高；菇蕾太小时喷水；温度太高，菇房温度连续 3 天在

23℃以上,不利于子实体的生长,造成营养物质往菌丝体倒流,供给菌丝体的生长,大批的菇蕾由于营养不足而死亡;喷水时没有通风,打关门水,喷水后通风不够,多余的热量和二氧化碳没有除去;覆土层喷水不均匀,上湿下干,结菇水喷不足,不能满足大量子实体生长的需水量,堆肥水分不足,太干,影响供给菇蕾的水分和营养物质,从而造成菇蕾死亡。菇蕾太小时喷水,菇蕾在米粒至绿豆大小时,水直接喷到菇蕾上,极易造成菇蕾大批死亡。

2. 措施

(1)预防"褪菌"的措施:喷水不能过量、覆土含水量不能太高,每次喷水不能太多,应少量多次;温度高时不喷水,喷水时间安排在晚上温度低时进行,喷水的前期、中期、后期都要加强通风,不喷关门水,通风一定要够,应及时、快速地除去多余的热量和二氧化碳。菇房空间要大,菇床密度要低、自由空间大,减少菇房内的热量和二氧化碳浓度。温度太高时,在菇房屋顶、墙壁、地面喷水,同时加强室内通风,通过西北蒸发量大的特点,达到降温的目的。

(2)预防菇蚊和菇蝇的措施:首先要制作优质的堆肥,培养浓密强壮的菌丝,因为蘑菇菌丝对菇蚊和菇蝇有拮抗作用,菌丝越浓密强壮,菇蚊和菇蝇对蘑菇的危害就越小。菇房周围要开阔,不能种植高大的农作物,不能影响菇房的通风。要搞好菇房内外的卫生,及时清理菇房内部和周围的菇脚及其他废物,菇房周围不能积水,阻断菇蚊和菇蝇的繁殖条件。加强通风,降低菇房的湿度。菇脚切下后要用桶装走,统一处理,不能在菇房内和周围随处乱扔。

(3)预防菇蕾死亡的措施:温度太高时不喷结菇水,喷水后遇到高温采取降温措施,可在菇房屋顶、墙壁、地面喷水,同时加强室内通风,通过西北蒸发量大的特点,使温度降到22℃以下。堆肥在播种和覆土时含水量要调足,不使堆肥太干,覆土喷水时,要喷均匀,防止上干下湿,影响覆土层向堆肥传导水分。覆土厚度要够,结菇部位不能在覆土表面,菇蕾在长到黄豆大小前不能往菇床上喷水。

第十章　双孢蘑菇栽培的主要病虫害及其防治

第一节　双孢蘑菇病虫害的概念

栽培双孢蘑菇和栽培农作物一样,会发生病害和虫害。双孢蘑菇的病虫害是指在蘑菇的栽培过程中,由于栽培管理不当,使有害生物大量繁殖并与蘑菇争营养,啃食蘑菇的菌丝体和子实体,造成蘑菇菌丝体和子实体生长不良或死亡。双孢蘑菇病虫害发生最后的结果是导致蘑菇的减产、质量降低或栽培失败。

危害双孢蘑菇的病菌种类较多,有真菌、细菌、病毒等,双孢蘑菇的病菌或与双孢蘑菇菌丝体在堆肥中争夺营养,形成竞争关系;或寄生在蘑菇菌丝体、原基和幼菇上,造成菌丝体、幼菇的死亡或蘑菇品质的下降,从而影响产量和质量。病毒寄生在双孢蘑菇的细胞内并繁殖,病毒病在发病初期很难发现,严重时造成子实体变形甚至绝收。

双孢蘑菇的主要害虫有线虫、螨类、菇蚊、菇蝇等。它们直接摄食菌丝体和子实体,有些线虫还与双孢蘑菇在堆肥中争夺营养,并分泌抑制双孢蘑菇菌丝生长发育的物质。害虫还是杂菌传播的媒介。

双孢蘑菇还有非生物性的病害，即发病的原因不是由生物引起的，而是由环境条件引起的，所以也叫非传染性的生理性病害。

第二节 双孢蘑菇病虫害传播的主要途径

自然条件下栽培双孢蘑菇，是在一个开放式的环境中进行的。自然界中，危害双孢蘑菇的生物无处不在，水、空气、土壤、堆肥、菇房、工具、动物等都可能存在对双孢蘑菇有害的生物。病虫害传播的途径很多，传播的方式也多种多样，传播的过程是隐秘不易发现的。栽培过程中菇房、堆肥和覆土消毒不彻底，管理过程中使用了不干净的水，用了污染杂菌的菌种，操作工具没有消毒等都会造成病虫的传播。菇房内发生病虫害后，没有及时隔离清除病虫害污染的堆肥和子实体，杀灭病菌和害虫，如啃食过带病子实体的害虫再去啃食健康子实体、把水喷在感染细菌性斑点病的子实体上、把污染了病虫害的材料堆放在菇房内或外面等等，会使病菌的营养菌丝和孢子在菇房内进一步扩散，使害虫的卵、幼虫、成虫在菇房内进一步繁殖，造成再次污染。

双孢蘑菇栽培者和病虫害的斗争就像一场生物之间的战争。为了能彻底消除有害生物对双孢蘑菇的危害，就必须了解双孢蘑菇病虫害传播的途径和发生的原因，从而做到知己知彼，采取正确有效的防治措施，打赢这场蘑菇病虫害防治战，取得双孢蘑菇的高产、优质和高效。

第三节　预防双孢蘑菇病虫害发生的措施

　　双孢蘑菇病虫害的防治应遵循"预防为主、综合防治"，"治早、治小、治好"的原则。双孢蘑菇病虫害的预防最重要，只有在少数迫不得已的情况下，才使用药物来防治。应慎用农药，用药剂防治病虫害，虽然能杀灭有害生物，但对双孢蘑菇也会造成影响，使用不当还会造成子实体中农药的残留，影响蘑菇品质。所以，应采取保护的方法，在整个栽培过程中采取保护蘑菇的措施。

一、从栽培方法方面进行预防

　　制作优质的堆肥。

　　其一，一次发酵时，堆肥温度要求达到 70℃~80℃，碳氮比要合理，pH 值和水分要达到双孢蘑菇堆肥发酵的要求。

　　其二，堆肥严格按照二次发酵的技术进行发酵，巴氏消毒的温度 60℃保持 8~10 小时，杀死堆肥中的有害生物，不影响对堆肥发酵有利的微生物的生长。双孢蘑菇在含有氨的堆肥中不生长或生长不好，而橄榄绿霉在这样的堆肥中却能生长发育得很好，堆肥中易降解的碳水化合物不经过充分发酵，像木霉、曲霉等杂菌就容易繁殖，如 pH 值过高，不利于双孢蘑菇生长，但石膏霉等却喜欢高的 pH 值环境。所以在制作堆肥时，应通过选择基础物质和通过发酵除去某些成分，制作出对双孢蘑菇有利而又能抑制其他有害生物的选择性堆肥。堆肥二次发酵的腐熟过程，温度应在 48℃~53℃保持 5~7 天，并注意通风。

　　其三，增加播种量，使双孢蘑菇菌丝在和其他杂菌竞争时,处于优势地位。

其四,降低菇房温度。如蛛网霉和引起湿泡病的真菌在18℃~20℃生长最好,但在更低的温度条件下,生长受抑制或停止生长。所以出菇期间把菇房温度控制在14℃最理想。

其五,降低空气相对湿度。如引起褐斑病的细菌在高湿度条件下生长发育很好,要预防这种细菌的危害,就需要降低菇房的空气相对湿度,使致病菌不能生长或生长缓慢。

二、从搞好环境卫生方面来预防

蘑菇生长的环境就像人一样,菇房就如人居住的房子,居住的内外环境不好,人就容易得病。菇房内外的环境卫生情况,对蘑菇生长和病虫害的控制非常重要。搞好环境卫生、隔离菇房的外界污染源,对遏制病虫害的发生和发展极其重要。卫生措施主要有以下方面:

①进出菇房的空气要经过空气过滤器过滤,菇房的门应适当关闭,菇房需要有一定的正压。②菇房进出的门口放合成塑料泡沫做的垫子,每天早上把垫子用2%的福尔马林溶液喷湿。③每天清洁工作通道,定期用2%的福尔马林溶液消毒。④检查菇房内及周围空间有无鼠类、蝇类和螨类等有害动物。⑤在播种、覆土、菇床平整和采菇时,都要注意手、工具和工作服的清洁。⑥当机械和其他设备从一个房间转到另一个房间进行播种、覆土、采菇等操作时,应该先用2%的福尔马林溶液消毒。⑦检查时应从最后一个房间开始依次检查,尽可能限制从一个房间走到另一个房间。⑧不要把播种和装料时散落的堆肥再装入菇床,应将它从菇房内清除出去。⑨在覆土之前用2%的福尔马林溶液消毒菇房和地板。⑩把消毒过用来菇床补土用的覆土装入密闭的塑料袋中。

⑪从播种到第一潮菇期间,要注意菇蝇的防治,防止它们携带孢子、线虫和螨类从一个菇房带到另一个菇房。⑫子实体应在开伞前采收,尽可能少摘开伞的蘑菇,抑制受病毒感染的蘑菇孢子的散布。⑬用具要消毒。⑭采菇时把废物收集到密闭袋或密闭的容器中；尽快从双孢蘑菇栽培场移走废物和用过的堆肥。⑮在菇潮之间将菇床上的废物捡干净,以减少感染病害的危险。⑯缩短发生病虫害严重的菇房的出菇期,菇房提早进行蒸汽消毒。⑰生长周期结束时,把蒸汽通入菇房,使菇房温度达到 70℃,保持 12 小时。⑱栽培场周围的植被要低矮些,要开阔,不积水,废水要排入封闭的沟内。⑲尽可能把栽培场的二次发酵室、发菌室和出菇房分隔开来。⑳选用没有有害生物污染的菌种。㉑覆土要用甲醛或用 60℃蒸汽消毒 3 小时以上。

三、选用抗病菌株

双孢蘑菇菌株对害虫没有天然抗性, 具有明确抗病性的菌株也很少, 但也存在双孢蘑菇菌株抵抗某些病菌的例子,如在双孢蘑菇中没有观察到能引起软腐病的细菌。

四、化学药品的应用

使用化学药品来防治双孢蘑菇的病虫害, 目的是杀死有害生物或抑制其繁殖,但不会对双孢蘑菇和栽培者有害。

一般来说,对病虫害防治有效的化学药品,对双孢蘑菇也会有影响,特别是喷药量和混合不当时。所以所有化学药品应注意:保持正确的浓度;喷药时要戴防毒面具,不要喷到眼睛和口中;子实体采收前和采收中,要注意农药残留;喷药后,要用肥皂洗手和洗脸;不到万不得已不使用化学药品来防治。

五、其他控制病虫害的措施

堆肥的巴氏消毒,温度 60℃保持 6~12 小时。

菇房在一个生产周期结束后,在清出废菌料前,通入热蒸汽,温度 70℃保持 12 小时。

在灯光下面放一盆水捕捉害虫。

用捕蝇纸捕捉蝇类。

第四节　危害双孢蘑菇的霉菌、真菌性病害及其防治

引起双孢蘑菇病害的真菌可分为寄生的和腐生的两类。寄生真菌属于藻状菌纲、子囊菌纲、担子菌纲和半知菌类。用孢子进行世代交替或营养体繁殖。这些真菌一方面寄生在菇床内的蘑菇菌丝体内, 使蘑菇菌丝体全部或部分死亡。另一方面,寄生在菇蕾上,使菇蕾死亡、品质破坏或不能食用。腐生真菌与双孢蘑菇在菇床堆肥中争夺营养和地盘,被称为菇床中的"杂草",即在菇床堆肥中感染了其他菌类。就像农作物地里自然生长的杂草一样, 处理不好会影响蘑菇的产量。

一、存在于堆肥中的有害真菌

(一)橄榄绿毛壳菌

1. 病原菌

属于子囊菌亚门,粪壳霉目,毛壳霉科,毛壳霉。该病菌平时存在于土壤及各种有机物中,其分生孢子随气流传播。

2. 症状

毛壳菌又叫橄榄绿霉菌, 在堆肥表面或内部出现灰白

色绒毛菌丝,和双孢蘑菇菌丝不易区别,几天后,在灰白色菌丝丛中出现颗粒状小点,随后转变成橄榄绿色或褐色,白色绒毛点消失。生长有毛壳菌的堆肥,会变黑腐烂,并散发出阴湿臭或霉臭味。双孢蘑菇菌丝不能生长或受到抑制,覆土后不能出菇或出少量的菇。原因是该病菌除了破坏堆肥外,还产生一种对双孢蘑菇菌丝有毒害作用的毛壳毒素。如堆肥中橄榄绿霉菌生长密度小,几周后双孢蘑菇菌丝可能在它上面生长。

3. 发病条件

主要原因是在堆肥中存在游离氨:二次发酵时间太短、新鲜空气不足,堆肥太黏太湿,堆肥腐熟不够,易分解的有机物没有彻底转化,游离氨没有转化成菌体蛋白。在二次发酵时巴氏消毒时间太长、堆肥腐熟保温期温度太高(55℃以上),堆肥中的氮会以氨的形式被游离出来。堆肥装料太厚、压得太实,堆肥中二氧化碳浓度高。堆肥中氮源过多,碳氮比不合理。以上这些都造成了堆肥在发酵时,使氨转化为菌体蛋白不彻底,堆肥中存在游离氨,有利于橄榄绿霉菌的繁殖。橄榄绿霉菌能耐浓度非常高的氨化物,在某种基质中其耐游离氨的能力是蘑菇的 7 倍以上。

4. 防治方法

(1)堆肥在装床前不要加尿素等氮源,堆肥中氮源过量时,应添加容易降解的碳水化合物来平衡。

(2)严格按要求进行堆肥的二次发酵:巴氏消毒温度不要超过 60℃, 时间不能太长; 堆肥腐熟阶段温度不能超过 55℃,控制在 48℃~53℃,时间要保持 5~10 天。把堆肥的物质转化彻底,将游离氨的浓度降至 0.09%以下。

（3）提高堆肥的通气性。

（4）播种后发现橄榄绿霉菌，或菌种不易走菌，应重新把菇床的堆肥散开，加强通风，排除堆肥中的游离氨，然后增加播种量，如堆肥水分不足时，可喷过磷酸钙溶液，降低pH值，降低游离氨的浓度。如堆肥太湿，加石膏粉降湿。通过这些处理，有时蘑菇菌丝能恢复生长。

（二）鬼伞（粪污鬼伞、幅毛鬼伞）

1. 病原菌

担子菌纲。

2. 症状

发生在堆肥中或覆土前、覆土后的菇床上。子实体有细的菌柄，灰褐色、有鳞片的菌盖，子实体成熟后菌盖容易溶解，流出黑色的汁液，所以也叫墨汁鬼伞。子实体丛生在菇床上，菌柄长能强有力地深入到堆肥的深层，出现几天后，子实体腐败形成黑色像墨汁样糊状黏物。当只有少量出现时，对双孢蘑菇影响不大，不能认为是病害。进入子实体采收期，如果堆肥中的游离氨消失、pH值降低，双孢蘑菇菌丝慢慢占优势，鬼伞就消失了。

3. 发病条件

（1）堆肥使用旧的、沤坏的稻草或麦草、发热过的完全变干的粪肥来制作。

（2）堆肥装床后喷水过多，堆肥变黏发黑。

（3）堆肥中添加了过多的无机氮。

（4）二次发酵腐熟阶段没有保持最适的温度和保持时间不足，堆肥中的氨转化成菌体蛋白不彻底。

4. 防止方法

（1）选用新鲜、无霉变的粪草原料。

（2）堆肥配方的碳氮比要合理，不要添加过量的氮源。

（3）严格按技术要求进行堆肥的二次发酵，制作优质的堆肥。

（三）黄霉菌（金孢霉）

1. 病原菌

半知菌纲，寄生在双孢蘑菇菌丝上，最后使双孢蘑菇菌丝消失。

2. 症状

在蘑菇采收几个星期后，大量菇蕾死亡，产量突然下降，这时，如果检查堆肥，就会发现在堆肥和覆土的交界处，生长有黄褐色的斑点（一般带有白色绒毛状的边缘），斑点有五分钱硬币大小，有时斑点融合成小小的黄色团块。如把菇床边板拆下，可清楚发现。发生严重时，会形成很大的黄色或黄绿色的斑点，蔓延到整个堆肥层。污染黄霉的部位有强烈的铜绿或电石的气味，能在大量发生的菇床上觉察出来。幼菇高立于覆土之上，盖薄、柄呈纺锤形。覆土中菌丝消失，产量降低或子实体停止生长。

3. 发病条件

（1）在过湿的堆肥中容易发生。

（2）没有经过二次发酵的堆肥容易发生。

（3）在菇床的边板等木质材料中容易发生。

4. 防治措施

（1）按要求搞好堆肥的一次发酵，一次发酵时堆肥温度要达到 70℃以上。

（2）二次发酵时,巴氏消毒温度要维持 56℃~58℃至少 12 小时。

（3）整个生产周期结束时,在清料前菇房要通入蒸汽,温度 70℃维持 12 小时。

（4）生产周期结束时,菇床要用 2%五氯酚钠溶液处理。

（5）菇房清房前,用福尔马林溶液喷湿菇床,以抑制孢子的蔓延。

（6）清房后,菇房必须彻底洗净,再用混有甲醛的蒸汽进行消毒。

（四）腐霉

1. 病原菌

鞭毛菌亚门、霜霉目、绵腐菌科、少雄腐霉菌,同时是一种植物病原菌,会使植物幼苗发生猝倒病。

2. 症状

在堆肥发菌的末期, 在堆肥里面有些部位完全不长菌丝,堆肥黑色潮湿,而黑色部分周围的菌丝生长正常,黑色部位从几厘米长到 1 m 以上。发生部位覆土后不出菇或很迟才出菇。

3. 发病条件

病原菌生活在土壤或腐烂的有机物上, 也可寄生在植物上。研究表明,菇床上的病原菌来自于堆肥,腐霉的孢子很耐热,一般在播种前堆肥就感染了,如在播种两天后腐霉才进入堆肥,则对双孢蘑菇生长没有影响。另一方面,腐霉发生的部位含氮量都过高,可能与堆肥中氮源分布不均匀有关。

4. 防治措施

（1）堆肥原料应堆放在不受污染的水泥地上。

（2）氮源应均匀地洒在堆肥各层,防止堆肥中氮源分布不均匀。

（3）控制好堆肥的含水量,防止堆肥局部湿度太大。

二、发生在堆肥和覆土里面的有害真菌

（一）石膏霉

1. 病原菌

白色石膏霉:半知菌亚门,丝孢目,丛梗孢科,粪生帚霉。褐色石膏霉:半知菌亚门,无孢目,无孢科,黄丝葚霉。

2. 症状

首先发生在堆肥里面,以后也发生在覆土上面和里面,在菇床上,石膏霉严重的地方蘑菇菌丝将不能生长,堆肥发黏带黑色。

（1）白色石膏霉:发生初期,覆土层表面和堆肥里面产生大量的孢子和浓密交织的白色菌丝体,形成圆形菌落,大小不一,不久白色绒毛状的菌斑变成白色石膏状的粉状物,最后随着菌龄的增加变成桃红色粉状颗粒。这种菌丝很浓密时,看起来就像一袋面粉撒在菇床表面。菌丝菌块下面的双孢蘑菇菌丝生长受抑制或逐渐消失。

（2）褐色石膏霉:覆土表面产生大而浓密的近似圆形的菌斑,初为白色,但随着菌龄的增加而变成褐色粉末状,它也能在堆肥中生长,它能产生无数由细胞团组成的孢子,也称小菌核。

3. 发病条件

（1）白色石膏霉:病菌源于带菌的堆肥和覆土,在 pH 值 8.2 以上的环境下生长特别好,堆肥发酵不好,容易发生此病,有时和鬼伞同时发生。菌丝生长旺盛的菌床,此病不易发生。

（2）褐色石膏霉：堆肥发酵不好，堆肥石膏加得太少，发黏、含水量太高。

4. 防治方法

（1）做好菇房和覆土的消毒工作。

（2）在堆肥中多加些石膏，改善堆肥的通气性和控制好pH值（pH值为7~7.5）。

（3）二次发酵前堆肥不能太湿，二次发酵的时间和温度要达到要求。

（4）菇床等可能感染病原菌的地方，要严格清洗，并用五氯酚钠溶液浸泡。

（5）发病初期，对白色菌斑可用2%的福尔马林溶液或1:200倍克霉灵处理，也可用过磷酸钙盖在菌斑上，使生长环境pH值下降，抑制石膏霉的生长。

（二）胡桃肉状菌

又称狄氏裸囊菌、脑菌、假块菌，是对双孢蘑菇危害最大的竞争性杂菌之一，它不仅跟蘑菇菌丝争夺养分和空间，还会侵害双孢蘑菇菌丝，造成菌丝死亡。

1. 病原菌

子囊菌亚门，子囊菌纲，散囊菌科，德氏菌属，小孢德氏菌。

2. 症状

胡桃肉状菌的子实体出现在堆肥和覆土层的交接处，形状如核桃肉状，或如小牛的脑髓状。菌丝为黄白色，很难与蘑菇菌丝相区别，有时形成浓密的菌束，菌丝长入堆肥内部的地方，双孢蘑菇菌丝就会消失，双孢蘑菇子实体也不能生长。子实体初期在堆肥中形成，后期在覆土中形成，起初的子实体为白色,后逐渐转变为红褐色,形成不规则的形似胡桃肉状的菌团,含有大量的孢子,并散出刺激性的漂白粉气味。生长在覆土表面和内部的幼嫩胡桃肉状菌可能被误认为是死的、稍有畸形的小蘑菇。

3. 发病条件

胡桃肉状菌孢子萌发需要 28℃以上 ,并且需要较长时间,萌发后菌丝在低温下生长,但低于 15℃~16℃时生长几乎停止。因此,在冬季栽培场很少胡桃肉状菌,只有在夏季炎热时,这种病才会发生。胡桃肉状菌抗逆性很强,潮湿的孢子在 60℃高温 30 分钟才能杀死,高温条件下,胡桃肉状菌菌丝快速萌发。菌种、覆土、堆肥、空气等是病菌传播的媒介。

4. 防治方法

(1)生产周期结束清理菇房前,菇房内通入高温蒸汽,70℃保持 12 小时。

(2)堆肥发酵要放在混凝土地面上进行,不能放在泥土地面上堆置。

(3)从发病菇床上清除出病菌子实体,在其孢子成熟前(子实体转褐前)摘除,并用火烧掉,防止病菌孢子传播扩散。

(4)堆肥二次发酵严格按照要求进行,巴氏消毒温度和时间要适宜。

(5)菌丝生长阶段和覆土后,温度不能高于 26℃~27℃,出菇期间温度必须保持在 16℃~18℃。

(6)不用已知含有胡桃肉状菌的覆土。

(7)一个生产周期结束后,菇床、工具等,必须用 2%的五氯酚钠溶液处理。

（8）堆肥第一次翻堆时拌入 0.2%~0.3%的 50%多菌灵溶液或用 0.5%的硫酸铜溶液喷洒堆肥。

（三）绿霉（颜色基本上为绿色的：绿色木霉、曲霉的一些种，青霉的一些种，枝孢霉的一些种，穗霉等）

1. 病原菌

都属于半知菌类。

2. 症状

感染后，感染部位都呈绿色，上面会产生大量的孢子。往往发生在菌种制作时，培养基被感染，或播种后谷粒菌种上、死亡的蘑菇菌丝、死亡的菇蕾上生长，也发生在发酵不好的堆肥中，给栽培造成很大损失。这些绿霉属于竞争性真菌，也称为"杂草霉"，即如农作物地里的杂草和农作物争水分、营养一样。这些绿霉菌和双孢蘑菇争营养和水分，阻碍双孢蘑菇菌丝的生长。

3. 发病条件

（1）环境卫生条件差，菌种制作时没有遵守无菌操作规程，培养基灭菌不彻底。

（2）播种后菇床湿度太大，通风不够。

（3）堆肥的二次发酵时间不够、温度不合理，堆肥中存在大量可溶性的、易吸收降解的碳水化合物。

（4）菇房空气没有过滤，含有大量的绿霉菌孢子。

4. 防治方法

（1）堆肥一次发酵时温度要达到 75℃~82℃，二次发酵要符合要求，腐熟时间要长，使堆肥中可溶性的、易吸收降解的碳水化合物，充分转化成不利于绿霉菌生长而有利于蘑菇菌丝生长的选择性堆肥。

（2）选用生活力强、无污染的菌种。

（3）播种后菇床上面盖报纸时，纸面不能积水。

（4）防止通风时造成空气污染，空气要过滤。

（5）覆土的 pH 值要在 7~7.5。

（6）保持菇床的清洁，经常清除死菇蕾和菇柄。

（7）菇房通风要好，覆土喷水管理采取干湿交替。

（8）菇房清料前要用蒸汽消毒菇房。

三、主要存在于覆土上面和内部的有害真菌

（一）疣孢霉病

疣孢霉病，又称褐腐病、湿泡病、水泡病，是种寄生性真菌引起的病害

1. 病原菌

半知菌亚门，菌盖疣孢霉，为有害真菌。

2. 症状

病菌浸染双孢蘑菇的幼菇后，长成不像蘑菇的异形物，包裹着子实体，形成白色瘤状菌组织，不形成菌盖。在双孢蘑菇子实体上容易发现疣孢霉，感染处由于生成暗色的厚垣孢子而变为乳褐色。随着菌龄的增长，细菌使病菇腐败而从乳褐色处流出褐色汁液，这时湿泡破裂散发出恶臭。有时，在较大的子实体上出现瘤状物，把带有瘤状物的子实体放在潮湿的环境中，在蘑菇上很快长出白色卷曲绒毛状疣孢霉，被感染的双孢蘑菇有时很像马勃。疣孢霉是双孢蘑菇栽培中经常发生、危害最大的病菌之一，感染疣孢霉后，有时菇床上连一个正常、健康的子实体都没有。

3. 发病传播条件

疣孢霉栖息于土壤中，手、工具、蝇类都可能是带菌者。

无病菇房靠近有病菇房,如没有执行预防措施,把装有病菇的容器放置几天,就会导致无病菇房感染疣孢霉。大体上在 $1m^3$ 覆土上有一个湿泡,由于它的孢子通过空气传播,就会使大量的蘑菇得病。消毒后的覆土堆放在病菇房边或堆放在采完菇而未经全面清洁消毒的地板上时,会引起感染。在 10℃~30℃之间孢子萌发生长,其孢子在 55℃ 4 小时、62℃ 2 小时即死亡,可通过土壤和植物残体搬运和昆虫传播,使用未经彻底消毒的旧菇床、旧菇架和带菌的覆土材料,发病率高。采菇、喷水等操作也可传播。从感染疣孢霉到可看到明显症状时间为 10~12 天。一旦发现疣孢霉时,就已经浸染到覆土的中心部位,给防除带来很大困难。如果感染到子实体原基,会抑制子实体的发生,造成大量减产,损失惨重。

4. 防治方法

控制疣孢霉非常困难,由于疣孢霉生长在土壤中,深入到覆土层内部,所以防治的方法以预防为主。

（1）做好菇房的消毒。清理病房时菇床喷甲醛溶液,用蒸汽消毒,70℃~75℃持续 12 小时,以后通风干燥。

（2）覆土要绝对没有疣孢霉。土壤的消毒,选取离地面 20cm 以上的土壤做覆土,覆土经太阳暴晒消毒,覆土要用甲醛或直接用蒸汽彻底消毒。

（3）对染病区进行药剂处理,防止孢子菌丝随水传播。

（4）把子实体碎片、菇根等废弃物立即清出菇房,烧掉。

（5）在菇床上得病的子实体少时,用食盐厚厚地盖在病菇上,然后用浸入硫酸铜溶液的铲子挖除掉;或在发病处注上甲醛溶液,撒上石灰,在第二天再挖掉整个病斑。

（6）第一周采收后喷 3 ml/L 的氯水。

(7)消毒后的覆土应储藏在密封的塑料袋中,不能再污染。

(8)在覆土作业中,使用的工具要消毒。

(9)菇房的温度和湿度要低点。

(10)病症出现时,在覆土表面喷0.5%的福尔马林,待福尔马林气体挥发后,喷杀虫剂,防止菇蝇等传播媒介;喷疣孢净杀灭;在各菇床间喷代森锌。

(二)蛛网病(轮指孢霉)

1. 病原菌

主要是粉红菌寄生、树枝状轮指孢霉。

2. 症状

在覆土表面和子实体上长出粗糙的白色蛛网状菌丝,所以叫蛛网病。病原菌能迅速地定植在蘑菇和周围的覆土上,会浸染任何发育阶段的子实体,覆土表面可能出现近似圆形浓密的白色菌丝区,但没有明显的病害征兆。到一定时候,病原菌菌丝会变成水红色或红色,蛛网状菌丝变为菌丝垫。染病后造成双孢蘑菇菌丝生长受到抑制,发病的子实体最后变褐、腐烂。

3. 发病条件

(1)分生孢子是唯一常见的孢子形式,病原菌的孢子和菌丝碎片都可进行传播致病。

(2)病原菌存在于土壤中,覆土、管理工人、水等途径都可传播。

(3)病菌寄生在土壤中,由空气、土壤和堆肥、喷水、采菇等传播,高温高湿有利于该病害发生。

4. 防治方法

(1)菇房和覆土要彻底消毒。

（2）发病初期应立刻小心地去除病菇及其周围的覆土。也可用食盐覆盖整个发病区和周围无病的覆土。严格限制采菇人员的流动范围，防止污染的覆土带到健康的菇床上。

（3）药物防治：用甲基托布津500倍液喷洒。

（三）肉桂色霉菌（硬皮盘菌）

1. 病原菌

子囊菌类。

2. 症状

在覆土后不久，遇到覆土太湿、温度高时，在覆土上面生长细绒毛状的白色霉，但不形成菌膜，几天后，污染的中心部形成褐色，边缘是绒毛状的菌丝，喷水后形成大量的褐色孢子，发生大量的孢子尘。和褐色石膏霉的区别是：褐色石膏霉的褐色斑点为粗糙颗粒，且不会产生孢子尘。感染褐霉后，推迟蘑菇的采收，但不会造成大的危害。大量发生后，会消耗堆肥的营养，使蘑菇畸形，造成减产。后来双孢蘑菇菌丝会把褐霉感染的部位吃掉，褐霉形成的斑块也会消失。有时覆土上的褐霉病斑会被腐生线虫吃掉。在褐霉生长后期，可以在以前生长过褐霉的地方，观察到杯子形状的东西，直径1~3 cm，这是褐霉的有性器官，叫硬皮盘菌（子囊盘），子囊盘中有子囊孢子。子囊盘出现后，褐霉菌丝明显消失。

3. 发病条件

（1）只生长在没有其他竞争者的地方，如用高浓度甲醛彻底消毒和用65℃蒸汽长时间消毒的覆土或其他环境中。

（2）当菌丝生长弱时，褐霉会大量发生。蘑菇菌丝在覆土中生长时，褐霉开始消失。

（3）高温高湿环境有利于褐霉发生。

4. 防治方法

(1)不要把覆土用蒸汽或甲醛完全灭菌(除非绝对必要)。

(2)刚覆土的菇房必须要用代森锌进行消毒。

(3)覆土湿度不要太大,菇房的温度和空气相对湿度不要太高。

(四)蛛网霉(树枝状轮指孢霉)

蛛网霉,又叫湿腐病、菌被病。

1. 病原菌

子囊菌纲,树枝状轮指孢霉。

2. 症状

首先发生在死菇和蘑菇碎片上面,菌丝开始为白色,生长浓密时形成像羊毛一样的网膜,菌丝在蘑菇上面生长非常迅速,一夜之间,就能扩展到菇床表面或子实体上,把蘑菇包围起来,菌丝厚度可达 1~2 cm,像覆盖一层白色棉絮一样。被包围的蘑菇开始变为黄褐色,呈褐色软腐状态,不散发出臭味,然后倒地死亡。这种病菌的一个小斑点,如不重视,就很快在菇床上大面积蔓延。菌丝体在刚发生时呈绒毛状的小斑点,一到几天后就生长成一大丛,迅速地覆盖着蘑菇。能很好地和其他霉菌区别开来。在更成熟、生长很快的时期菌丝丛一般是红紫色,在后期有时变为黄色。孢子干燥,能形成孢子尘进行传播。

3. 发病条件

(1)覆土、风、管理工人、工具等都是可能的传播途径。

(2)菇房内高温高湿环境。

4. 防治方法

(1)用蒸汽或甲醛彻底消毒覆土,认真做好堆肥的巴氏消毒工作。

（2）发现小病斑时，立即用食盐覆盖病斑或用甲醛浸湿病斑，待病斑处用甲醛溶液浸湿后，再撒上石灰。

（3）用五氯硝基苯溶液喷淋菌斑。

（4）定期清理菇床，除去每潮菇留下的菇柄、死菇和幼菇。

（5）出菇期间，菇房温度和湿度不能太高。

（6）为了预防，在每潮菇之间用代森锌喷洒，一周一次。

（7）菇床没有经过蒸汽消毒的，在清理时要先喷湿，防止孢子扩散。

（五）干泡病（轮枝霉病）

干泡病，又叫褐斑病、干腐病、萎缩病。

1. 病原菌

半知菌亚门，轮枝霉属。

2. 症状

双孢蘑菇菇蕾感染发病后，其症状和疣孢霉的湿泡病的症状相似，整个子实体不分化，变成不规则的菌块组织。直径 1~2 cm，白色，质地较干。后期菌块干缩、表面没有褐色汁液，不散发出臭味，不黏滑。菇蕾感染时，形成典型的洋葱形；子实体中后期感染时，菌柄粗大、菌皮开裂反卷，菌盖边缘不完整，菌盖上出现红褐色至黑褐色的病斑。在潮湿条件下，染病的子实体表面生长出灰白色菌丝或霉状物。菌盖上的病斑形状及大小不一，病斑数量可达几十个，稍凹陷，病斑边缘颜色深，病斑上的灰色霉层较明显。

3. 发病条件

（1）病原菌生活在土壤、有机物、野生菇子实体中。

（2）浸染途径包括：覆土、老菇房的表土、床架、空气、昆虫、喷水、管理工人、工具等。螨类是传播的主要昆虫。

（3）双孢蘑菇菌丝生长旺盛时病菌受到抑制，而生长弱时有利于病菌繁殖。

4. 防治方法

预防方法基本和疣孢霉病相同。要做好螨类的防治工作。发生后，小心清除发病的子实体，防止病原菌孢子扩散。停止喷水，喷洒 50% 多菌灵可湿性粉剂 500 倍溶液。

（六）褶霉病

褶霉病，又叫头孢霉病。

1. 病原菌

半知菌亚门，褶生头孢霉菌核康氏头孢霉菌。

2. 症状

褶霉病主要侵害蘑菇的菌褶。发病初期，菌褶颜色变黑，发病菌褶连成一块，尔后病灶向菌柄和菌盖蔓延，后期在病灶处出现白色的病原菌丝体。患病后的菇体发僵，停止生长。近年来褶霉病在福建漳州产菇区有上升趋势，对产量和品质构成很大的威胁。

3. 发病条件

土壤带菌是发病的初浸染源，菇房残留病菌是再浸染源。在温度（12℃~25℃）和湿度较大的菇房内极易发生褶霉病害。病菌孢子又随水、空气、昆虫及人为传播扩大发病范围及加重病害程度。

4. 防治方法

参照疣孢霉病的防治方法。

第五节　危害双孢蘑菇的细菌性病害及其防治

细菌对双孢蘑菇造成的最大危害是在蘑菇子实体的菌盖部位产生黄褐色的斑点，或发生干僵病。

一、细菌性斑点病（锈斑病）

（一）病原菌

托拉斯假单孢杆菌。

（二）症状

发病时菌盖表面产生褐色病斑。发病初期，在菇盖表面产生许多不规则的褐色小斑点，后来相互合并形成较大的褐色病斑。病斑为圆形或椭圆形，直径2~4 mm，病斑颜色由浅褐色—深褐色—黑褐色。发病严重时蘑菇可能变成畸形，菌盖剥裂。在潮湿条件下，病斑表面有一薄层菌脓，感染细菌的双孢蘑菇子实体有油黏的感觉。病斑一般仅限于表层，子实体表皮下的菌肉极少变色。

（三）发病条件

在自然条件下病原菌广泛存在于土壤、空气、堆肥和水中，可以通过昆虫和喷水传播，高温高湿的环境，尤其是喷水后通风少，菇房空气湿度大，子实体表面积水珠，极有利该病害的发生。温度20℃左右，菇盖表面有水膜或潮湿条件下，该病极易发生流行。有时在采收时看不到症状，但把双孢菇储藏在高湿环境中，几天后蘑菇病斑就出现。

（四）防治方法

①经常搞好菇房的卫生工作，定期清理菇床，在走道和

床底不要堆放废杂物。②菇房和覆土要用甲醛或蒸汽消毒。③加强通风,子实体表面不能积有水珠。④严格控制菇房的温度和湿度,出菇期间温度控制在20℃以下,空气相对湿度控制在85%~95%之间,水分管理要干湿交替。⑤发现病菇及时清除,后喷含有效氯150 mg/L的漂白粉水溶液或(100~200)×10^{-6}硫酸链霉素溶液。⑥采收的子实体应储存在1℃~2℃的冷库中冷藏。⑦在菇潮之间喷洒0.25%~0.30%的甲醛溶液。

二、干僵病

（一）病原菌

某些假单孢杆菌。

（二）症状

出菇期间的部分菇床上,蘑菇的生长发育受阻或停止,在子实体基部集中生长着浓密的白色绒毛状菌丝,菇盖歪斜,菇柄弯曲,拉得很长,有含水量很大的感觉。采菇时子实体比正常蘑菇的子实体在覆土中附着力更强,在拔起蘑菇时可听到吱吱的声音,采收后的子实体基部,菌丝块也附着大量的覆土,切断菇柄时也可以听到声音,菇柄切面呈赤褐色。该病较轻时,病菇呈灰色,不变形,可以发现子实体发硬,开伞和菌褶硬化的现象。病菇留在菇床上也不会腐烂掉,就这样直立着,干掉变成皮革质。有时病菇的切口上,也有充满黏物质的空腔。除去干僵化的菇盖,接合部可以看到很少的暗褐色的部分,把菌柄纵切时,也可以看到暗褐色的部分。病菌会在菇床上迅速传播,从发病点以一天30 cm的速度向四面八方扩展。

（三）发病条件

病原菌通过双孢蘑菇菌丝的细胞膜在菇床上繁殖,阻碍双孢蘑菇菌丝的代谢作用。堆肥和覆土含水量太高,菇房的空气湿度太大,容易促进该病的发生。

（四）防治方法

①发现干僵病,迅速切断病区和健康菇床的联络,在菇床上距离病区 2 m 处开一深沟,挖空到床底,使健康和得病的菌丝避开接触。②病区喷水时喷盐水。③将病区用塑料薄膜或纸覆盖。④搞好菇床的卫生和消毒工作。⑤控制菇房和覆土的湿度。⑥认真做好堆肥的巴氏消毒工作。

第六节　危害双孢蘑菇的病毒病及其防治

蘑菇病毒病,又叫顶枯病、法兰西病、X-病。病毒病不易辨认,但在蘑菇栽培中经常发生。

一、症状

病毒在细胞内广泛存在,当病毒的浓度较低时,菇体不出现病状,当病毒浓度达到一定程度时菇体和菌丝才出现病变。当双孢蘑菇菌丝染上病毒时,发菌速度慢,生长也不均匀。覆土后当菌丝生长到土层时,在直径 30~90 cm 范围内不能形成菌落,床面上出现不长菇的片区,或出现畸形菇。感染病毒的子实体常呈现盖小柄长的"高脚菇",菌柄呈球形不形成盖的"泡状菇",盖小柄上粗下细的"钉头菇",盖小柄长且斜长的"歪斜菇",盖薄而平展的"早开伞菇",子实体僵缩长不大的"僵菇"。此外有的菇蕾长出不久后死亡,有的菌柄表现为水渍状。

二、发病条件

病毒可通过菌丝和担孢子带毒传播，带病毒的菌丝与健康菌丝相互接触融合后也可传毒，一般播带有病毒的菌种造成的产量损失严重。菇床上发生病毒病的主要原因有：一是菌种带毒；二是播种后，由空气中带有病毒的担孢子沉降到菇床传毒；三是老菇房中菇床架上存在带病毒的菌丝。

三、防治方法

①做好栽培过程中的预防工作。②做好菇房的消毒，清理病房时菇床喷甲醛溶液，用 70℃~75℃蒸汽消毒持续 12小时。③选用无毒菌种。④注意菇房空气的干净，播种后及时用报纸或地膜覆盖。⑤出现病菇时应及时隔离处理，防止扩散。⑥子实体在开伞之前采收，防止孢子飞散传播。⑦播种后在菇床上喷杀虫剂、盖报纸或地膜，并在上面喷 0.5%的甲醛溶液。⑧把可能染病的子实体采掉，喷上 2%的甲醛溶液，并用塑料薄膜覆盖。⑨菇房要换新的空气过滤器。

第七节　危害双孢蘑菇的主要虫害及其防治

在双孢蘑菇栽培过程中，虫害是普遍存在的，特别是在夏季高温高湿季节进行栽培时，虫害发生更为严重。由于我国多数地区高温和降雨同期，夏季不仅气温高，而且又适值雨季，虫害发生迅猛、量大，防治不当，造成严重减产，甚至绝收。虫害对双孢蘑菇的危害包括对菌丝体和子实体的危害，发生虫害后，菌丝被蚕食消失，或堆肥变质，菌丝生长不良，子实体被啃食，引起小菇死亡或影响品质。

危害双孢蘑菇的寄生动物（害虫）主要有蝇类与螨类、

螨类和线虫等。

寄生动物利用它们的刺或类似吸管的口,在双孢蘑菇子实体上钻孔和吸取汁液,同时它们又是蘑菇其他病害的传播者。蝇类和蚊类的幼虫会啃食双孢蘑菇的菌丝体或在子实体上钻孔;螨类以蚕食双孢蘑菇的菌丝体和子实体来危害蘑菇;线虫消耗双孢蘑菇生长的养分,并排泄出阻碍双孢蘑菇生长的物质。

一、蝇类与蚋类

双孢蘑菇栽培场经常出现的蝇类和蚋类有:

(一)多菌蚊

多菌蚊,俗称菇蚊或菇蛆,是栽培中最重要的几类虫害之一。其幼虫直接危害菌丝和菇体,尤其是双孢蘑菇菌丝,钻蛀幼嫩菇体,造成菇蕾萎缩死亡。成虫体上常携带螨虫和病菌,随着虫体活动而传播,造成多种病虫同时发生危害,对产量和质量造成很大的损失。

1. 发生规律

多菌蚊适宜在中低温环境下生活,当温度在0℃~26℃之间,都能完成正常生活周期,以15℃~25℃之间为活跃期。成虫喜欢在袋口和菌床上飞行和交尾,适温下成虫寿命较长,可达3~5天。当温度在10℃~22℃时,卵期5~7天;当温度在18℃~26℃时,卵期3~5天,孵化期7~10天。幼虫一般为4~5龄,幼虫期10~15天。初孵化的幼虫呈丝状,群集于水分较多的腐烂料内,随着虫龄的增长边取食边向料内或菇体内钻蛀。老熟幼虫爬出料面,在袋边或菇脚处结茧化蛹,以蛹的形式越夏。

2. 防治方法

（1）认真做好堆肥的巴氏消毒工作。

（2）合理选用栽培季节与场地。

（3）在多菌蚊多发地区，把出菇期与多菌蚊的活动盛期错开。栽培场周围 50 m 范围内无水塘、无积水、无腐烂堆积物，这样可以有效地减少多菌蚊寄生场所，减少虫源。

（4）菇房门窗要安小孔的纱窗，防止害虫飞入。

（5）化学药剂防治，可用敌敌畏、辛硫磷和菊酯类杀虫剂。或在堆肥中拌 0.1%的二嗪农杀虫剂。

（6）搞好菇房内外的环境卫生，在清料前菇房要先用70℃的蒸汽消毒。清场后菇房要清洗和消毒，菇房内外的杂物要清理干净。

（二）闽菇迟眼菇蚊

在发菌阶段发生严重时，大量的菌丝被咬断、啃食，使菌丝由白色变成黄褐色，料面变米糠状会有下沉现象，严重时菌丝消失，堆肥变黑，腐烂发臭；出菇阶段小菇被害后，由于基部菌丝遭破坏，水分供应不上，造成菇蕾死亡；大的子实体被危害时，可将菌柄基部蛀食成海绵状，菌柄外表可看到针头大小的孔眼。

1. 发生规律

一年发生多代，世代重叠。成虫具明显的趋光性和趋化性，尤其对废堆肥浸出液的趋性强。菇房温度在 17℃~23℃、空气相对湿度在 90%以上时有利于此害虫的发生和繁殖。

2. 防治方法

（1）要搞好菇房内外的环境卫生，在清料前菇房要先用70℃的蒸汽消毒。清场后菇房要清洗和消毒，菇房内外的杂物要清理干净。

（2）认真做好堆肥的巴氏消毒工作。

（3）菇房门窗要安小孔的纱窗，防止害虫飞入。

（4）控制好菇房的温度和湿度。

（5）化学药剂防治，可用敌敌畏、辛硫磷和菊酯类杀虫剂，或在堆肥中拌 0.1%的二嗪农杀虫剂。

（三）瘿蚊

主要危害期在秋、冬、春季的中低温时期，以幼虫侵害多种食用菌的菌丝和菇体。在丰富的食源中，害虫以幼体繁殖形式，很快就在堆肥和菇体的菌褶内爬满了幼虫。幼虫咬食菌丝和菇体，带虫的菇体降低了商品性。瘿蚊幼虫在伤口上侵入而引发病害。

1. 发生规律

在 5℃~25℃之间，瘿蚊能从菌丝和菇体上取食并以母体繁殖，3~5 天繁殖一代，每只雌虫可产 20 多条幼虫，虫口数量迅速递增，很短的时间就在菇床的料面和菇体中出现橘红色的虫体。虫体多时，结成球状，以保护其生存。温度在 5℃以下时，以幼虫形式在料中休眠越冬。在 30℃以上时，虫体转为蛹的形式越夏，等待温湿度适宜时成虫产卵，进入下一代的繁殖。

2. 防治方法

认真做好堆肥的巴氏消毒工作。堆肥要进行二次发酵，杀死料中的虫卵，减少出菇期的虫源。在常年发生瘿蚊危害的老菇房内栽培双孢蘑菇，其堆肥和覆土材料均宜预先拌药处理，可有效地减少虫口数量。菇房门窗要安小孔的纱窗，防止害虫飞入。其他方法同闽菇迟眼菇蚊的防治。

（四）蚤蝇（粪蝇）

1. 症状

以幼虫危害，幼虫在堆肥中活动，取食菌丝及堆肥，在取食过程中幼虫会分泌并排泄出对双孢蘑菇菌丝体有害的物质，抑制菌丝生长，使菌丝颜色变红。幼虫还取食子实体，用口钩撕裂组织，取食其汁液，有的可钻进子实体组织内，在菇柄和盖中蛀成孔，使受害子实体生长受阻，直至萎缩、死亡、腐烂。

2. 生活习性

在自然界分布广食性较复杂，平时生活在厩肥、有机物残体中及野生菇类上，一年发生多代，在适宜的温湿度及食料充足环境下，卵期 4~5 天，幼虫期 14 天，蛹期 6~7 天，成虫期 7 天。

3. 防治方法

（1）做好菇房内外的环境卫生工作，防止积水，对堆肥发酵、菇房和覆土进行消毒。

（2）做好栽培过程中的害虫预防工作。

（3）认真做好堆肥的巴氏消毒工作。

（4）尽量保持菇房内的暗光条件，抑制成虫的活动。

（5）药物防治：在堆肥和覆土中拌二嗪农杀虫剂，虫害发生后可用 5%锐劲特 3000 倍液喷洒。

（6）菇房门窗要安小孔纱窗，防止害虫飞入。

二、线虫

（一）症状

菇床感染线虫后，菌丝生长不良或不发菌，出现菌丝逐步消失的退菌现象，堆肥变质腐烂，子实体停止生长或死亡。消耗蘑菇生长的养分,并排泄出阻碍蘑菇生长的物质。

（二）发病条件

线虫在自然界分布广泛，存在于潮湿及透气不好的土壤、厩肥、草堆以及各种腐烂的有机物上、不清洁的水中。堆肥、覆土及老菇房消毒不彻底,极可能造成线虫的污染。

（三）防治方法

①一次发酵要放在水泥地板上进行。②巴氏消毒的温度和时间要够,要保持各床的温度均匀,堆肥不能干掉。③认真做好菇房和周围环境的卫生和消毒工作。④覆土要用甲醛或蒸汽消毒。⑤管理工作人员的脚和所有工具都要消毒。⑥要搞好菇房内外的环境卫生，在清料前菇房要先用 70℃ 的蒸汽消毒。⑦清场后菇房要清洗和消毒,菇房内外的杂物要清理干净。⑧发生线虫污染后及时进行挖沟隔离,对发病部位停止喷水管理,让其处于较干燥条件下,控制线虫的活动,每平方米菇床喷 0.5 g 的克线磷。

三、螨类

蘑菇播种后,经常在菌床上发现螨类,并不是所有这些螨类都对双孢蘑菇有害，多数螨并不直接影响双孢蘑菇,有些是捕食性螨,吃线虫、吃杂菌、吃细菌,捕食螨个体较大,肉眼容易看到。而有害螨个体较小,肉眼不易看清楚,往往在大量群聚时才被发现。

（一）症状

对蘑菇有害的螨是嗜菌跗线螨。有害螨以取食双孢蘑菇的菌丝体及子实体为主，使菌丝体生长不好或出现退菌现象。子实体危害后,引起子实体泛红,变褐色,柄基部变圆,有时还把双孢蘑菇基部的菌丝完全咬断。螨类发生多时,手放在堆肥表面,几分钟手上就爬了很多的螨虫,螨虫爬到身上会发痒。

（二）生活习性

螨虫在鸡舍、粮食仓库、饲料仓库的存在量大。

（三）防治方法

①菇房要远离鸡舍及粮食、饲料仓库。②认真做好菇房内外的环境卫生工作。③螨虫在49℃条件下20分钟就可杀死,要认真做好堆肥、覆土、菇房等的消毒工作。④认真做好堆肥的巴氏消毒工作。⑤药物防治。诱杀:可用1份醋、5份糖、10份敌敌畏拌进48份炒成焦黄的米糠或麦麸中，撒在菇房四周诱杀。喷杀:用20%三氯杀螨醇1000倍液,或73%的克螨特乳油2000~3000倍液喷杀，或用1.8%阿维菌素乳油3000~4000倍液喷杀。

第八节　双孢蘑菇生理性病害及其防治

生理性病害是指非病源菌和害虫为害而发生的病害,主要是由于自然气候条件、菇房小环境、栽培管理措施不当等不适合双孢蘑菇生长发育而发生的病害。生理性病害不会传染,其表现的症状主要有播种后不发菌、菌丝生长缓慢或颜色变黄、菇蕾枯死或僵化、子实体畸形生长、子实体变色、子实体开裂、菇柄空心等。生理性病害在蘑菇栽培过程中常发生,如没有及时发现和处理,常导致损失,应引起足够重视。

一、菌丝黄萎

表现为播种后不发菌或菌丝不吃料、生长缓慢,严重时变黄枯萎。发病原因主要是高温烧菌、堆肥发酵不好质量差、堆肥水分太多或过低、pH值过碱或过酸、游离氨浓度大、甲醛等农药的残留量大、菌种老化、通风过度、空气湿度太低等等，或者覆土后浇水过重、过急造成缺氧导致菌丝死亡。

二、菌丝徒长

覆土后土表面长出浓密菌丝，并很快结菌被，被称为"冒菌丝"和菌被病。发生原因主要有堆肥中氮源过量，覆土层含水量太高，覆土后遇高温、高湿，又通风不良等。

三、死菇

死菇是指床面上形成的菇蕾变黄枯死或呈湿腐状死亡。发生的原因主要有：出菇期间遇高温闷热天气，菇房温度连续3天以上超过23℃，造成营养倒流；堆肥、覆土含水量和空气相对湿度太低；子实体过多、过密，养分不足，造成个体小、生长弱的幼菇得不到营养死亡；菇蕾在黄豆大小前喷水，菇体太小对水承受力低；喷的营养液浓度太高；菇房通风不良或覆土板结；农药使用不当或浓度太高；干燥西北风直吹菇床；采收机械损伤或触动等。

四、地雷菇

主要是指生长在覆土下层或堆肥内的菇，子实体由于土壤的阻碍生长不正常或畸形，子实体不白净，泥污严重。主要原因是：覆土后菌丝培养管理不当，在菌丝还未全部长到土层表面时，就进行通风降温，造成适合子实体形成的条件，菌丝在土层中间扭结，或在堆肥中混有泥土。

五、空柄白心

表现为切开菇柄后，柄中空或呈海绵状，切口处柄易开裂反卷。发生原因主要是：子实体分化成长期，覆土层含水量太低,空气相对湿度在 80%以下,菇房温度在 18℃以上,子实体生长快,菌盖蒸发量大,造成水分供求不平衡,菌柄缺水而空心。

六、硬开伞

表现为子实体未成熟前菌膜就破裂,菌盖微开露出未成熟的菌褶。发生原因主要是:子实体生长期间突然降温,菇房温度骤降,并出现昼夜温差超过 10℃以上,加上空气干燥,料温和气温差距大,子实体的地上部分和地下部分生长不协调,使子实体未成熟就提前开伞。

七、薄盖早开伞

表现为子实体瘦小柄长,开伞早和菌盖薄,发生原因主要是堆肥营养和水分不足,覆土材料含水量低、保水性差,用了含沙量大的土,出菇密度太大等。

八、鳞片菇

表现为子实体出现鳞片状菌皮,外观差。发生原因主要是通风量太大,空气相对湿度太低。

九、高脚菇

表现为菌盖变小而菌柄变长和细,发生的原因主要是菇房温度偏高,床面子实体密度大,通风不良,造成床面二氧化碳浓度太高。

第十一章 双孢蘑菇保鲜、加工 和运输实践

第一节 双孢蘑菇鲜菇质量标准评价要素

一、子实体匀整标准

子实体菌盖从上面看时,呈正圆形,从侧面看时,中央稍隆起,子实体表面平滑,无鳞片。菌盖变形或凹陷为不正常,可能是病虫害或管理不当引起。

二、子实体匀称标准

菌盖的大小和菌柄的长度匀称协调,柄比盖大或柄过长,都为不正常,是由病害或管理不当引起的。

三、菌盖大小

菌盖 3~4 cm 时采收质量好,受消费者欢迎。所以堆肥的营养、水分、管理技术和采收时机是影响子实体大小的关键。

四、子实体色泽

子实体白色为正常。变色可能由昆虫、寄生菌、管理不当引起。引起子实体变色的主要原因是多酚氧化酶作用,子实体擦伤、破口等引起酶的氧化作用而变色。变色影响外观,但刚开始变色不会产生异味、不影响食用。

五、菇脚长度

子实体采收后,要切断菇脚,切口要直和平,留柄长度和菌盖的大小成比例,一般柄的长度和菌盖的直径等长。

六、子实体的结实度

要求结实、不空心、肉质不疏松。高温、菇蕾缺水、采收前喷水、通风不够等都会造成子实体结实度的下降。

七、水分

子实体的成分含水量在 90 %左右,鲜菇水分蒸发后,菌盖和菌柄收缩变硬,影响鲜菇品质。

八、长大

采收后,蘑菇鲜菇会继续生长,子实体中的营养会从菌柄向菌盖移动,使子实体菌盖开伞,子实体比采收时大,影响品质。

九、呼吸率

采收后的子实体在一段时间内, 会继续呼吸, 后慢慢降低,这种生理活性会产生热量,使子实体发热变质。

第二节　影响双孢蘑菇品质的环境条件

一、温度

温度对双孢蘑菇鲜菇的品质影响很大。温度是影响蘑菇子实体的生理活动的重要因素, 主要通过酶或酶以外的化学反应来实现。子实体的品质下降是由化学反应引起的,温度升高 10℃,化学反应增加 10 倍。例如,在 5℃条件下可储藏 6 天的子实体,在 15℃条件下只能储藏 3 天。在 20℃条件下经过 2 天子实体就会失去商品价值, 而在 0℃条件下,保藏 8 天后还有商品价值。双孢蘑菇鲜菇保藏的适宜温度为 0℃~2℃。

二、水分

双孢蘑菇子实体在储藏过程中，为防止子实体水分的散失而影响新鲜度，应采取密封的方法包装鲜菇，子实体这时生理活动并没有停止，还在继续进行新陈代谢活动，释放出热量，当温度忽高忽低时，用不透气的塑料袋包装的，水分会在包装袋内结露。如没有把子实体表面结露的水分蒸发掉，就会给子实体上面可能存在的细菌提供生长繁殖条件，而使子实体产生斑点，影响品质。

三、气体

二氧化碳的浓度高，会使双孢蘑菇的菌柄伸长；二氧化碳浓度在 10%时，会抑制菇柄的伸长；二氧化碳浓度在 5%以上，菌盖的扩大就被限制。

把氧气调到比外界空气更低的浓度，如 2%~10%，会促使菌盖和菌柄的生长，菌褶和孢子也能正常形成，但是，氧气在 1%以下时，菌盖和菌柄的生长都会受到抑制，所以可以利用这个条件来保鲜蘑菇。

双孢蘑菇子实体的呼吸率受到氧气和二氧化碳浓度的影响，氧气为零时，呼吸率约降低 88%，二氧化碳浓度在 25%或 50%时，呼吸率分别降低 82%和 100%。低浓度的氧气和高浓度的二氧化碳环境，有利于双孢蘑菇的保鲜。

第三节　双孢蘑菇的保鲜贮藏

双孢蘑菇子实体由于微生物、酶的活动和其他化学反应等原因,造成新鲜子实体不易保鲜贮藏,易变色和腐败。双孢蘑菇采收后菇盖还会扩展开伞,影响质量。因此,采收后应及时进行保鲜贮藏。双孢蘑菇保鲜贮藏的主要方法有干制、冷藏、冷冻、罐藏、盐渍、添加保鲜剂、射线辐照等。

一、干制

干制方法主要有:高温脱水烘干和低温冻干。就是把子实体处理后,在一定温度条件下,除去水分,防止变色和腐败。高温脱水烘干的方法类似于香菇的脱水方法。低温冻干是目前比较先进的干制法,通过速冻后在真空仓内水分升华去水。干制后的蘑菇的营养和形状不变,吸水 1~2 分钟后即可恢复原状,保质期在二年以上,这种产品目前主要供出口,价格高。如,2002~2004 年,甘肃靖远县的冻干厂,从宁夏双孢蘑菇产区收购鲜菇进行冻干后出口。

二、冷藏

在 0℃~2℃的温度条件下,进行低温保鲜,包装双孢蘑菇的容器以每箱装鲜菇在 10 kg 以下,鲜菇冷透后用塑料泡沫箱密封包装上市,这种方法只能保鲜 2~3 天。十几年来,宁夏、青海产的双孢蘑菇基本上是通过冷藏保鲜后空运到全国其他城市市场销售。笔者 2000 年为帮助宁夏双孢蘑菇的销售,在蘑菇鲜菇冷藏和空运方面做了大量的保鲜试验,积累了比较丰富的经验,首开把宁夏鲜蘑菇空运到北京、上海、西安、广州、深圳、成都、重庆等城市的先河,并把有关技术传授到了当地。要做好双孢蘑菇保鲜和空运,保证鲜菇不变质,必须控制好以下几方面的技术:

(1)采菇和选菇:子实体在菌盖长到 3~4 cm、未开伞时就要采收,采收时不要擦伤子实体。

（2）子实体采收前不能喷水，保持子实体表面干爽。

（3）子实体要用塑料泡沫箱或垫了纱布的容器装，每个箱不能装太多，以不超过 10 kg 为好，要装满，用柔软的物品把子实体压住，不让其滚动，包装箱盖要盖紧，防止运输过程中子实体滚动互相擦伤变色。

（4）子实体要分级，挑取颜色白、没有开伞、大小适中、没有病虫害的子实体进行保鲜。

（5）采收后马上放入冷库，打开包装箱，进行子实体冷却，要求在很短时间内把子实体的温度降至 1℃~2℃，防止子实体自体发热继续生长而变质。

（6）子实体温度降低到符合要求后，马上包装进行空运，最好当天采收的菇，当天就空运到外地市场，这样鲜菇质量很好。

（7）进行空运前一定要和航空公司谈好协议，防止没有仓位。

三、罐藏

就是双孢蘑菇子实体经过漂洗、护色、煮熟、杀菌后制成罐头，这是一种传统的保质贮藏法，也是目前我国蘑菇出口的主要方式之一。

加工罐头的双孢蘑菇要求较高：菌盖直径 2~5 cm，柄长 0.8~1.5 cm，色泽洁白，菇形圆整饱满，不开伞，无泥根，无畸形，无病虫害，无机械损伤，新鲜无异味。

四、盐渍

就是把蘑菇经过漂洗、护色后煮熟，然后加高浓度的盐，进行保质，利用高浓度的盐抑制微生物繁殖，这种方法是目前我国蘑菇贮藏出口的主要方法。

五、冷冻

就是把蘑菇切片后，在短时间内把温度降到-20℃以下，把蘑菇速冻成冰块，食用时再化冻。

六、射线辐照

就是用 γ 射线在 100000~150000 拉德的剂量下对蘑菇进行辐照，可延长鲜菇保质期 1~2 天。

七、添加保鲜剂

主要是用柠檬酸、抗坏血酸和亚硫酸盐等化学药品漂洗蘑菇子实体，抑制子实体中酶的活性，防止变色。但亚硫酸盐过量时对人体有害，加保鲜剂的种类和量一定要符合国家食品安全标准。

第四节 双孢蘑菇的运输

鲜菇运输主要是防止菇体碰伤变色和温度太高变质。不管是短途运输还是长途运输，双孢蘑菇包装物的内衬都要柔软，每箱(筐)装满、不留空隙，然后扎紧或密封，防止菇体在运输过程中振动，互相碰撞损伤、变色。长途运输时最好用冷藏车运输，防止菇发热变质。或在运输前把鲜菇冷却后用塑料泡沫箱密封包装后运输。

第十二章 我国西北双孢蘑菇生态型循环生产探索

当前世界各发达国家都把发展循环经济作为经济发展的目标,中共中央和国务院根据我国国情和时代的要求,把发展循环经济模式作为我国经济发展转型的战略。西部大开发是中共中央和国务院发展中国西部经济、改变西部贫困局面、重建西部秀美山川的重大战略举措。保护和重建西部的生态环境是直接关系我国人民生存条件的大事,发展西部生态型的农业产业,是西部大开发的重要目标之一。按照"低开采、低消耗、低排放、高利用"的"三低一高"的循环经济模式,以"减量化、再使用、再循环"的三 R 原则为经济活动的准则。强调经济系统与自然生态系统的和谐共生。在现有农业生产基础上,在技术、管理、生产模式等方面进行创新,用生态规律来指导农业经济发展,合理有效地配置生产要素,达到高效的农业经济过程与和谐的生态功能的结合,实现农业生产物资能源消耗的最小化、物资效用的最大化、生产效益最高化、产品质量最优化、对环境影响无害化,增加农业生产的科技含量,提高农民的生产技术管理水平,拓展外输型农产品的数量和质量,实现农民收入的持续稳定增长。

我国西北自然环境差,生态脆弱,灾害频发。我国西部的双孢蘑菇生产,应建立生态型的循环生产模式,达到双孢蘑菇生产和当地环境的和谐,减少资源的消耗,实现物质的循环利用,降低成本,提高效益。

第一节　菌草栽培双孢蘑菇生态型循环生产原理

循环经济是一种建立在物质循环利用基础上的经济模式,要求把经济活动按照自然生态的系统模式,组成"资源—产品—消费—再生资源"的物质反复循环流动的过程,使所有的物质和能源在不断进行的经济循环中得到合理持久的利用,把经济活动对自然环境的影响降低到最小程度。

菌草技术是项变废为宝、循环生产的技术。根据菌草业生产的特点,利用菌草技术发展菌草循环经济,在双孢蘑菇生产中发展"植物、菌物、动物"三物循环生产的系统,该系统最初生产的产品是菌草,生产第二种产品是蘑菇,种菇后的剩余物质废菌料,生产动物饲料和有机肥料,而牲畜产生的粪肥则成为农作物、人工种植的菌草的肥料、双孢蘑菇栽培的原料。探索这三物循环最佳效益生产模式,降低生产成本,提升双孢蘑菇循环生产各环节的生物产量和经济效益,使双孢蘑菇生产的经济、生态、社会效益有机结合起来,促进农业增效、农民增收,实现双孢蘑菇产业发展与资源、环境的协调,推动双孢蘑菇产业的可持续发展。

依据循环经济的理论,应用菌草技术,建立双孢蘑菇生态型循环生产模式见图 12-1 。

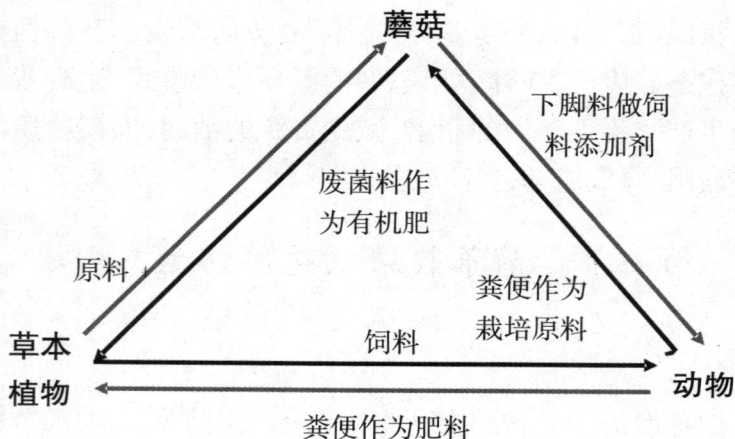

图 12-1　双孢蘑菇生态型生产模式图

第二节　主要菌草种植技术

菌草种植是双孢蘑菇进行生态型循环生产的一大内容,目的是通过利用菌草技术在荒漠和荒地上种植菌草,提供畜牧业的草饲料和双孢蘑菇生产的草原料,同时达到治理、改善环境的目的。由于菌草种植时不喷农药,可减少双孢蘑菇生产时产品的农药残留风险。紫花苜蓿等可用来栽培双孢蘑菇和做饲料的优质菌草的栽培技术,在西北地区已早有详细资料,下面主要介绍象草和巨菌草在西北的栽培技术。

一、象草人工栽培方法

(一)土壤选择

象草对土壤选择不严,但要获高产宜选土层深、土质疏松、肥沃、排水良好的土壤来栽培。

（二）翻耕

新开垦山地,要在种植前 1~2 个月进行翻耕,深 20~30 cm,在贫瘠地种植象草应施基肥, 每公顷施 450~600 担土杂肥或废菌料、225 kg 磷肥或钙磷肥做基肥。

（三）整畦

水土流失区,沿山坡等高线挖环状沟,沟宽 1 m,在水源方便的地方建畦,地畦宽 1 m,畦间开排水沟。

（四）种植季节

象草在气温≥12℃时开始栽培,在宁夏地区从 4 月中旬开始种植。

（五）栽培方法

第一种繁殖方法是全株条栽法, 即把整株的象草埋入土中,覆盖土厚 2~3 cm。第二种繁殖方法是分根法,具体做法是,先割去植株上端后把根头挖出,分成单株后种植。不管哪种方法,种苗移栽后都要覆盖地膜保湿。适宜季节栽种7~10 天就可发芽。

（六）施肥

苗高 20 cm 时开始追施氮肥,以促壮苗和分蘖。中间根据生长情况再施 2~3 次的氮肥、复合肥。

（七）灌水

根据土壤水分情况,经常灌水,象草生长速度快,生物量大,需水多。水是象草高产的关键,在西北地区每个月要灌 3~4 次水。

（八）收割

以象草为原料栽培双孢蘑菇,一年可采收两次。如果供饲料用一年可采收 3~4 次。

二、巨菌草的人工栽培方法

巨菌草原来是高产优质牧草,1999 年作为菌草开展了研究。实践证明巨菌草是高产优质的菌草之一,有很高的人工栽培的价值,栽培管理方法同象草。

第三节　农牧业副产品的利用

在栽培双孢蘑菇时，充分利用当地农牧业生产的副产品,制作双孢蘑菇的堆肥,是进行双孢蘑菇生态型循环生产的重要内容,可以变废为宝,变害为利,达到物质的循环再利用,降低生产成本,提高效益。

一、农牧业生产中的主要副产品

(一)各种农作物秸秆

西北是我国小麦、玉米、小米和棉花的主产区,会产生大量的秸秆、玉米芯和棉子壳等副产品。这些副产品是栽培双孢蘑菇的好原料。有些也是加工饲料的原料。

(二)畜牧业的各种粪肥

西北是我国畜牧业生产的主要产区,牛、羊、马等饲养存栏量大,会产生大量的牛、羊、马的粪肥。这些粪肥既是农作物和菌草的优质有机肥料，又是栽培双孢蘑菇不可少的原料。

二、农牧业副产品的贮存和利用

(一)贮存

这些农牧业副产品用作双孢蘑菇栽培原料时，都要晒干,防止淋雨和发热变质。贮存备用。

(二)利用

这些副产品用于双孢蘑菇栽培原料时，和其他原辅材料配制出双孢蘑菇栽培的配方，通过堆肥制作技术生产双孢蘑菇栽培的堆肥，也可做畜牧业生产的草饲料。

第四节　栽培双孢蘑菇后的废菌料的利用

一、废菌料的主要营养物质

根据分析，栽培双孢蘑菇后的废菌料含有许多植物和动物生长需要的营养物质。废菌料中含氮0.993%、磷0.511%、钾0.419%。据福建省农科院土肥所分析，蘑菇糠(除去覆土，含有蘑菇菌丝体的堆肥经晒干、粉碎的糠状物)的粗蛋白含量为6.15%~10.92%，真蛋白含量为5.555%~9.93%，粗脂肪含量为0.20%~1.41%，粗纤维含量为3.25%~11.63%。栽培过双孢蘑菇的菌料中还含有大量的腐殖质(约为原来粪草含量的60%)，可以用来提取胡敏酸，作为植物发根的有机肥。

二、废菌料的利用

(一)制作有机肥料

废菌料中含有丰富的氮、磷、钾，质地疏松，经过发酵腐熟和蘑菇菌丝的进一步分解，可溶性、速效的肥分多，植物容易吸收利用。所以，废菌料可以作为温室育苗、农作物、果树、树苗、菌草的有机肥料，还可以提高农产品和果蔬的品质。

(二)作为动物的饲料添加剂

据福建省农科院土肥所研究，把蘑菇糠与其他饲料一起发酵，第二天就会产生酒香味，用来喂猪，猪消化和排泄正常。每天的饲料中掺入 20%~30% 蘑菇糠,猪生长快、肉质良好。

第五节　宁夏菌草栽培双孢蘑菇生态型循环生产模式研究报告

为了探索双孢蘑菇生态型循环生产模式,从 2002 年开始在宁夏盐池、闽宁镇等地,进行了这方面的探索,取得了显著的成效。

一、循环生产模式

(一)在荒漠和荒地上种植菌草

主要种植了象草、巨菌草、紫花苜蓿、苏丹草和拟高粱等菌草。象草和巨菌草种植 5 个月后,经验收测产,亩产象草为 15 t、巨菌草 20 t。

(二)用菌草栽培双孢蘑菇试验

1. 菌草无粪栽培双孢蘑菇

利用菌草营养高的特点,完全不用传统双孢蘑菇栽培中的氮源原料:鸡、牛、羊粪等,菌草无粪栽培的双孢蘑菇子实体圆整、结实,菌丝生长速度快,而且出菇整齐,产量比传统的农作物秸秆栽培的高。不同的双孢蘑菇菌株,利用菌草无粪栽培,产量差别显著。蘑菇菌株 Agc001 和 Agc002 的产量较高。此外,菌草栽培的双孢蘑菇色泽洁白,口感好,且耐储藏。最重要的一点是,菌草无粪栽培的双孢蘑菇抗杂菌感染能力强,病虫害少。菌草无粪栽培双孢蘑菇的营养成分接近或略高于常规栽培双孢蘑菇,都含有丰富的蛋白质,而菌草栽培双孢蘑菇粗蛋白的含量高于常规栽培蘑菇,其中菌草栽培的双孢蘑菇高出 28%,菌草栽培蘑菇的粗多糖、粗脂肪等含量都非常接近常规栽培双孢蘑菇的含量。

2. 蘑菇栽培配方中添加苜蓿试验

用以苜蓿为主要添加料的堆肥栽培双孢蘑菇,其产量和生物效率相对较高,且以 30%苜蓿和 70%麦草的配方最好,增产效果显著。

3. 双孢蘑菇废菌料做肥料试验

用双孢蘑菇废菌料、化肥和农家肥作为玉米栽培的肥料,分别种植玉米 5 亩,不同处理的玉米物候期及植株状观测结果见表 12-1。

表 12-1 玉米物候期及植株性状表

处理	出苗 (日/月)	抽穗 (日/月)	吐丝 (日/月)	株高 (m)	穗位高 (cm)	茎粗 (cm)	叶数 (片)	中心叶面积 (cm²)
废菌料	16/5	25/7	4/8	2.28	80	2.4	16	0.084
化肥	16/5	30/7	9/8	2.07	68	1.7	16	0.074
农家肥	16/5	28/7	7/8	2.21	81	1.8	16	0.080

从上表可知,废菌料作为种植玉米的栽培肥料,玉米的长势好,可以代替大部分化肥。废菌料还可提高地的肥力,增加土壤腐殖质的形成,改善土壤理化结构,提高持水保水能力。废菌料 6m³/棚,可提供 1 亩地的优质肥料,农民可节约肥料费 300 元。

第十三章　我国西北无公害双孢蘑菇栽培技术概述

这些年来，中国的食品安全问题层出不穷，重大食品安全事件经常发生，不仅严重影响人们的身体健康，造成了巨额的财产损失，而且也影响中国的经济发展、食品出口、社会稳定等一系列问题。食品安全问题已作为我国民生的重大问题引起中央和国务院的高度重视，2009 年我国颁布了《食品安全法》。无公害食品、绿色食品和有机食品是当前和今后世界食品生产的要求、标准和方向。双孢蘑菇食品的安全关系到消费者的健康、产品的出口、生产的发展，对双孢蘑菇产业的发展至关重要。

第一节　无公害食品概念

一、无公害食品概念

无公害食品是指产地生态环境清洁，按照特定的技术操作规程生产，将有害物含量控制在规定标准内，并由授权部门审定批准，允许使用无公害标志的食品。无公害食品注重产品的安全质量，其标准要求不是很高，涉及的内容也不是很多，适合我国当前的农业生产发展水平和国内消费者的需求，对于多数生产者而言，达到这一要求不是很难。当代农产品生产需要由普通农产品发展到无公害农产品，再发展至绿色食品或有机食品，绿色食品跨接在无公害食品和有机食品之间，无公害食品是绿色食品发展的初级阶段，有机食品是质量更高的绿色食品。

二、有机食品、无公害食品与绿色食品有何区别

除无公害食品外，目前正在我国市场上推广的认证食品还有绿色食品和有机食品，这些产品有什么区别呢？

据专家介绍，无公害食品是按照相应生产技术标准生产的、符合通用卫生标准并经有关部门认定的安全食品。严格来讲，无公害是食品的一种基本要求，普通食品都应达到这一要求。

绿色食品是我国农业部门推广的认证食品，分为 A 级和 AA 级两种。其中 A 级绿色食品生产中允许限量使用化学合成生产资料，AA 级绿色食品则较为严格地要求在生产过程中不使用化学合成的肥料、农药、兽药、饲料添加剂、食品添加剂和其他有害环境和健康的物质。从本质上讲，绿色食品是从普通食品向有机食品发展的一种过渡性产品。

有机食品是指以有机方式生产加工的、符合有关标准并通过专门认证机构认证的农副产品及其加工品，包括粮食、蔬菜、奶制品、禽畜产品、蜂蜜、水产品、调料等。有机食品与其他食品的区别主要有三个方面。

第一，有机食品在生产加工过程中绝对禁止使用农药、化肥、激素等人工合成物质，并且不允许使用基因工程技术；其他食品则允许有限使用这些物质，并且不禁止使用基

因工程技术。如绿色食品对基因工程技术和辐射技术的使用就未作规定。

第二,有机食品在土地生产转型方面有严格规定。考虑到某些物质在环境中会残留相当一段时间,土地从生产其他食品到生产有机食品需要 2~3 年的转换期,而生产绿色食品和无公害食品则没有转换期的要求。

第三,有机食品在数量上进行严格控制,要求定地块、定产量,生产其他食品没有如此严格的要求。

总之,生产有机食品比生产其他食品难度要大,需要建立全新的生产体系和监控体系,采用相应的病虫害防治、地力保持、种子培育、产品加工和储存等替代技术。

三、在绿色无公害食品认识上要注意的几个问题

绿色无公害食品未必都是绿颜色的,绿颜色的食品也未必是绿色无公害食品,绿色是指与环境保护有关的事物,如绿色和平组织、绿色壁垒、绿色冰箱等。

无污染是一个相对的概念,食品中所含物质是否有害也是相对的,要有一个量的概念,只有某种物质达到一定的量才会有害,才会对食品造成污染,只要有害物含量控制在规定的范围之内就有可能成为绿色无公害食品。

并不是只有偏远的、无污染的地区才能从事绿色无公害食品生产,在大城市郊区,只要环境中的污染物不超过标准规定的范围,也能够进行绿色无公害食品生产,从减轻农用化学物质污染的作用分析,在发达地区更有重要的环保意义。

并不是封闭、落后、偏远的山区及没受人类活动污染的地区生产出来的食品就一定是绿色无公害食品,有时候这些

地区的大气、土壤或河流中含有天然的有害物。

野生、天然的食品，如野菜、野果等也不能算作真正的绿色无公害食品，有时这些野生食品或者它们的生存环境中含有过量的污染物，是不是绿色无公害食品还要经过专门机构认证。

第二节　宁夏无公害双孢蘑菇栽培技术探索

为实现双孢蘑菇产品达到无公害的标准，在宁夏我们开展了无公害双孢蘑菇栽培的探索，取得了可喜的成效。

一、菌草无粪栽培双孢蘑菇

利用菌草无粪栽培双孢蘑菇，能避免农药残留等的困扰，蘑菇产品更有可能达到无公害要求，食用更加安全卫生。（此研究数据由福建农林大学菌草研究所林辉老师提供。）

（一）试验材料

供试材料：象草、麸皮、石膏、石灰、过磷酸钙、添加剂。

供试菌株：福建农林大学菌草研究所自有菌株 Agc001，Agc002。

（二）试验配方

象草 84%，麸皮 10%，石灰 2%，过磷酸钙 2%，石膏 2%，微量元素。

（三）栽培管理方法

同菌草栽培双孢蘑菇的方法。

（四）结果与分析

1. 菌草无粪栽培双孢蘑菇的产量与特点

表 13-1　菌草栽培蘑菇的产量表

播种时间	菌株号	产量(kg/m^2)	出菇时间
2002.7	Ag2796	9.75	2003. 8~11
2003.7	Agc001	10.69	2003. 8~11
2003.7	Agc002	17.56	2003. 8~11
2004.7	Agc002	15.21	2004.8~11
2004.7	Ag2796	12.15	2004.8~11

菌草无粪栽培的双孢蘑菇子实体圆整、结实,菌丝生长速度快,而且出菇整齐,产量比传统的农作物秸秆栽培的高。此外,菌草无粪栽培的双孢蘑菇色泽洁白,口感好,且耐储藏。最重要的一点是,菌草无粪栽培的蘑菇抗杂菌感染能力强,病虫害少。由上表还可知,不同的双孢蘑菇菌株,利用菌草无粪栽培,产量差别显著。蘑菇菌株 Agc001 和 Agc002 的产量较高。

2. 一般营养成分

表 13-2　菌草无粪栽培双孢蘑菇与常规栽培双孢蘑菇一般营养成分比较表(g/100 干品)

样品	水分	粗蛋白	粗脂肪	粗多糖	粗纤维	灰分
JC–A	8.36	41.27	1.66	12.39	6.56	10.08
JC–D	10.28	41.93	1.68	15.84	7.9	9.76
S	8.73	32.29	1.79	13.07	8.03	10.35

注:菌草无粪栽培双孢蘑菇样品为 JC-A,菌草无粪栽培棕色蘑菇样品为 JC-D,常规栽培双孢蘑菇样品为 S。

结果表明, 菌草无粪栽培双孢蘑菇的营养成分接近或略高于常规栽培蘑菇,都含有丰富的蛋白质,而菌草栽培双孢蘑菇粗蛋白的含量高于常规栽培双孢蘑菇,其中菌草栽培的双孢蘑菇高出28%,棕色蘑菇高出30%,菌草栽培双孢蘑菇的粗多糖、粗脂肪等含量都非常接近常规栽培双孢蘑菇的含量。

3. 氨基酸组成与含量的比较分析

将双孢蘑菇子实体用酸水解,用氨基酸分析仪分别测定其氨基酸组成与含量,结果如表13-3。

表13-3　菌草无粪栽培双孢蘑菇与常规栽培双孢蘑菇氨基酸含量比较表(%)

氨基酸	JC-A	JC-D	S	氨基酸	JC-A	JC-D	S
天门冬氨基酸	2.44	2.06	1.96	异亮氨酸	0.97	1.03	0.84
苏氨酸	1.12	0.88	0.96	亮氨酸	1.49	1.55	1.30
丝氨酸	0.78	0.62	0.65	酪氨酸	0.43	0.30	0.36
谷氨酸	5.83	4.46	4.10	苯丙氨酸	0.97	1.02	0.85
甘氨酸	1.27	1.34	1.05	赖氨酸	1.11	1.10	0.96
丙氨酸	2.39	3.04	1.75	组氨酸	0.46	0.46	0.41
胱氨酸	0.17	0.22	0.15	精氨酸	1.32	0.75	0.85
缬氨酸	1.22	1.27	1.03	脯氨酸	1.21	1.17	0.56
甲硫氨酸	0.30	0.33	0.26	色氨酸	—	—	—
				总　量	23.48	21.60	18.04

结果表明，菌草无粪栽培和常规栽培的双孢蘑菇子实体至少含有 17 种氨基酸,色氨酸未检出可能是在酸水解过程中被破坏了。菌草无粪栽培的双孢蘑菇和棕色蘑菇的氨基酸总量均高于常规栽培的双孢蘑菇的氨基酸总量，分别高出 30.2%和 19.7%,而且八种人体必需氨基酸的含量菌草无粪栽培的双孢蘑菇和棕色蘑菇也均高于常规栽培蘑菇，分别高 16%和 14.2%。

4. 脂肪酸组成的比较分析

菌草无粪栽培的双孢蘑菇油脂含量与常规栽培的双孢蘑菇的油脂含量相近,其脂肪酸组成分析结果见表 13-4。

表 13-4 　菌草无粪栽培双孢蘑菇与常规栽培双孢蘑菇脂肪酸组成比较表

样品　　脂肪酸	16：0	18：0	18：1	18：1	18：3
JC-A	14.01	—	3.8	0.89	81.32
JC-D	14.92	5.11	—	79.98	—
S	12.27	—	3.53	—	84.19

菌草无粪栽培双孢蘑菇与常规栽培双孢蘑菇所含的脂肪酸组分不同,但其中不饱和脂肪酸的总量相近,都占脂肪酸总量的 80%以上。

5. 重金属

表 13-5 　菌草无粪栽培双孢蘑菇与常规栽培双孢蘑菇重金属含量分析表(mg/kg)

样品　　重金属	汞	砷	铅	镉
JC-A	0.35	0.03	1.06	0.13
JC-D	0.02	0.64	0.31	0.12
S	0.2	0.07	0.45	0.12

（五）结论

本研究结果显示，菌草无粪栽培的双孢蘑菇和常规栽培的双孢蘑菇的营养成分和营养价值并无本质区别，在营养成分的某些指标上菌草无粪栽培的双孢蘑菇还略高于常规栽培的双孢蘑菇。在资源利用上菌草无粪栽培双孢蘑菇占有很大优势，且避免农药残留等的困扰，食用更加安全卫生。菌草无粪栽培双孢蘑菇是可行的，可以给人类提供丰富优质的蛋白质，开辟新的原料途径。

二、以苜蓿为原料无公害双孢蘑菇栽培产品质量检测

（一）材料与方法

1. 供试样品

供试样品为双孢蘑菇子实体，营养成分检测样品由宁夏原州区生产基地提供：在其他培养基相同情况下，宁A含20%紫花苜蓿；宁B含40%紫花苜蓿；宁C含100%麦草；宁D含20%玉米秆。样品S是常规栽培的双孢蘑菇子实体，为市售产品。重金属和多菌灵检测样品由原州区、盐池县、隆德县和海原县提供。

2. 测试方法

水分：常压干燥法测定 GB/T 12531–1990。

粗蛋白：GB/T 5009–2003 食品中蛋白质测定。

氨基酸分类：GB/T 5009.124–2003 食品中氨基酸的测定。

粗脂肪：索氏提取器 GB/G 15764–1995。

粗纤维：GB/T 6434–1994 饲料中粗纤维测定方法

粗多糖：双孢蘑菇子实体分别用小型粉碎机粉碎，样品过20目，干燥恒重，精确称取适量，分别用一定量95%乙醇加热回流后，残渣用水加热提取3次过滤，浓缩、离心、浓缩

液反复用 95%乙醇沉淀。沉淀物依次用乙醇、丙酮、乙醚洗涤即得粗多糖。粗多糖置低温干燥至恒重。

粗灰分：GB/T 6438-1992 饲料中粗灰分的测定方法。

(二)结果与分析

1. 一般营养成分

按上面的检测方法对在宁夏原州区用菌草栽培的双孢蘑菇样品宁 A、宁 B、宁 C、宁 D 和市售常规栽培双孢蘑菇样品 S 进行一般营养成分的分析,结果见表 13-6。

表 13-6　宁夏地区菌草栽培双孢蘑菇与常规双孢蘑菇一般营养成分表(g/100g 干品)

样品	水分	粗蛋白	粗脂肪	粗多糖	粗纤维	粗灰分
宁 A	8.75	47.69	0.87	21.25	9.62	9.48
宁 B	9.11	50.21	1.14	17.26	8.53	8.61
宁 C	8.37	34.99	1.01	8.45	8.80	8.33
宁 D	7.79	46.46	1.27	15.71	10.75	9.18
S	8.73	32.29	1.79	13.07	8.03	10.35

检测结果表明, 宁夏原州区用菌草栽培的双孢蘑菇含粗蛋白、粗多糖比常规双孢蘑菇的粗蛋白、粗多糖的含量高。其中粗蛋白的含量宁 A、宁 B、宁 C、宁 D 分别比 S 高 47.69%、55.50%、8.36%、43.88%;粗多糖含量宁 A、宁 B、宁 D 分别比 S 高出 62.59%、32.06%、20.20%,宁 C 粗多糖含量低于 S。菌草双孢蘑菇其他营养成分也都高于或接近于常规栽培双孢蘑菇。

2. 氨基酸组成与含量的分析

将样品用酸水解 , 用氨基酸自动分析仪测定其氨基酸组成与含量,结果见表 13-7。

表 13-7 宁夏原州区菌草栽培的双孢蘑菇与常规双孢蘑菇氨基酸组成与含量表(%)

氨基酸	宁A	宁B	宁C	宁D	S	氨基酸	宁A	宁B	宁C	宁D	S
天门冬氨酸	2.87	2.82	2.17	2.82	1.96	亮氨酸	2.13	2.13	1.75	2.10	1.30
苏氨酸	1.28	1.29	1.18	1.23	0.96	酪氨酸	0.68	0.64	0.48	0.69	0.36
丝氨酸	0.94	0.88	0.78	0.90	0.65	苯丙氨酸	1.31	1.31	1.08	1.26	0.85
谷氨酸	8.19	8.28	5.81	9.38	4.10	赖氨酸	1.86	1.74	1.27	1.81	0.96
甘氨酸	1.57	1.50	1.27	1.54	1.05	组氨酸	0.67	0.58	0.44	0.66	0.41
丙氨酸	2.11	2.74	1.99	2.13	1.75	精氨酸	1.76	1.44	1.09	1.68	0.85
胱氨酸	0.17	0.15	0.10	0.18	0.15	脯氨酸	0.89	1.12	0.67	0.98	0.56
缬氨酸	1.68	1.75	1.50	1.66	1.03	色氨酸	—	—	—	—	—
甲硫(蛋)氨酸	0.40	0.34	0.31	0.37	0.26	氨基酸总量	29.84	30.03	22.97	30.69	18.04
异亮氨酸	1.33	1.32	1.08	1.30	0.84	必需氨基酸总量	10.67	10.52	8.65	10.42	6.56

检测结果表明，宁夏原州区菌草栽培的双孢蘑菇至少含有 17 种氨基酸。色氨酸未检测出可能在酸水解过程中被破坏。人体必需的 8 种氨基酸含量都占各自氨基酸总量的 1/3 以上。菌草栽培的双孢蘑菇氨基酸总量明显高于常规栽培的蘑菇，宁 A、宁 B、宁 C、宁 D 分别比常规栽培的双孢蘑菇 S 高 65.41%、66.46%、27.33%、70.12%，人体必需氨基酸总量分别高 62.65%、60.04%、31.86%、58.84%。

3. 重金属及多菌灵含量的研究

重金属和多菌灵检测样品由原州区、盐池县、隆德县和海原县提供。

表 13-8　宁夏菌草栽培双孢蘑菇重金属及多菌灵含量表

地区＼名称	铅	镉	汞	砷	多菌灵
固原原州区（1）	0.4	0.29	0.094	0.48	<0.1
固原原州区（2）	0.3	0.26	2.56	0.16	<0.1
海原县	0.3	1.0	1.13	0.68	<0.1
隆德县	0.5	0.27	0.13	0.2	<0.1
盐池县	0.4	0.38	0.12	1.2	0.2
国家标准	2.0	1.0	0.2	1.0	0.5
欧盟标准					0.1

注：原州区（1）：配方＋玉米芯
　　原州区（2）：配方＋苜蓿

检测结果表明，大部分县生产的双孢蘑菇的重金属和多菌灵含量低于国家标准，多菌灵含量达到欧盟标准。

第三节 西北无公害双孢蘑菇 生产技术准则

一、栽培种菌株和生产要求

菌株选用 As2796 等。由原种扩大培养而成，菌丝强壮，无病虫害污染，菌龄适中。以玻璃瓶或塑料袋为容器，只用于栽培，不再扩大繁殖菌种。

二、菇房要求

应符合 DB 51/336–2001 的要求。地势较高，干燥，背风向阳，近水源。具备良好的卫生条件，禁止与化工厂、污水沟、煤矿等相靠近，保证不受污染源侵害。积极推广设施栽培，如塑料温室、塑料大棚等栽培模式。

（一）干打垒蘑菇栽培菇房

坐北朝南，长 16 m，宽 7 m，北墙高 3.2 m，南墙高 2.8 m，顶向南一边出水，菇房内地面不下沉，主走道靠南墙，搭四层菇床。走道：主走道设在南面，宽 1 m，菇床架之间走道宽 0.8 m。菇床架：3~4 层，菇床宽 1.0~1.2 m，层间距离 0.6 m，顶层离房顶距离 1 m 以上，底层离地面 0.3 m。菇床架铺底物用尼龙渔网。菇房顶覆盖物分三层，先盖一层能吸水的草或芦苇，防止滴水，第二层盖塑料薄膜，第三层盖草帘，草帘要盖至不透光，防阳光、保温保湿。菇房与菇房之间距离 8~10 m。在南面中间开 1 个门，宽 1 m。通风窗规格 40 cm×46 cm。朝南和朝北墙开通气窗，对着床架间的走道开南北对流窗，一般一层床架南北各开一个通风窗。天窗即菇房顶窗，每条走道的屋顶开一个天窗，并设拔风筒，筒高 1~1.6 m，直径 0.3~0.4 m。

（二）日光温棚

由采光和保温维护结构组成，以塑料薄膜为透明覆盖材料，东西向延长，在寒冷的季节主要依靠太阳能进行双孢蘑菇生产，跨度 7~9 m,脊高 3.2~3.5 m,长度 30~60 m。

三、栽培季节

（一）堆肥建堆时间

海拔 800~1200 m 地区 7~8 月,1200~1800 m 地区 6月,1800~2500 m 地区 4~5 月。

（二）开始出菇时间

海拔 800~1200 m 地区 9 月,1200~1800 m 地区 8 月,1800~2500 m 地区 6 月。

四、栽培原料要求

栽培原料、化学添加剂种类和用量、用水质量及基质处理方法,应符合 NY 5099 的规定。

（一）堆肥配方（以 100 m² 栽培面积计算用料量,干料,单位:kg）

配方 1:象草 84%,麸皮 10%,石灰 2%,过磷酸钙 2%,石膏 2%,微量元素。

配方 2:稻草或麦草 1800,牛粪或羊粪 1200,石膏 60,石灰 50,磷肥 40,尿素 10,碳氨 30,黄豆粉（或油渣）20,麸皮 80。

配方 3:稻草或麦草 1400,苜蓿 400,牛粪或羊粪 1200,石膏 60,石灰 50,磷肥 40,尿素 10,碳氨 20,黄豆粉（或油渣）10,麸皮 50。

配方 4:象草或巨菌草 1800,牛粪或羊粪 1200,石膏 60,石灰 60,磷肥 20,尿素 10,碳氨 30,黄豆粉（或油渣）20,

麸皮 80。

(二)堆肥处理

堆肥采用二次发酵技术制作。

五、堆肥发酵

(一)堆肥前发酵

1. 预湿

提前 1~2 天用 2%的石灰水将草泡湿或用清水浇湿,建堆时加入 1%的石灰粉;干粪提前一天喷湿。

2. 建堆

堆肥堆宽 2.5 m,堆高 1.6 m;底部顺长最好留有通风洞,按照一层草一层粪进行建堆。同时将全部尿素、麸皮、黄豆粉(或油渣)在建堆时分层加入,堆建成后加足水并踩实;两天内再补足水分。

3. 翻堆

建堆后 6~7 天（当料堆中心温度达到 70℃以上后开始下降时)进行第一次翻堆,将磷肥、碳氨全部加入;第一次翻堆后 4~5 天(料温上升到 70℃左右时)进行第二次翻堆,将石膏全部加入;第二次翻堆后 3~4 天进行第三次翻堆,根据料的熟化程度,达不到标准者可进行第四次翻堆。最后一次翻堆用石灰调酸碱度至 8.5 左右,含水量调到 68%左右。第一、二次翻堆时补足水;每次翻堆要把料抖松、把外面料换到里面,下面料换到上面,堆宽每次缩小约 30 cm。

前发酵完成的标准是:前发酵时间约 15~25 天,翻堆 3~4 次,腐熟程度五至六成,堆肥为棕红色(或茶褐色),草料有较强的抗拉力,弹性足,稍有氨味,草茎柔软,较长,含水量 65%~68%(手紧握时,指缝间有 6~7 滴水),pH 值 7.5~8.0。

4. 堆肥装床

最后一次翻堆 2~3 天后,趁料温未降低,半天内完成装床。装床前检查菇房密封情况,菇房要严格消毒;将堆肥含水量调到 65%~70%;厚度为 30~40 cm,菇房走道打扫干净,关闭门窗。

(二)二次发酵

发酵目的:一是通过巴氏消毒杀死堆肥中害虫和病原菌;二是通过控温发酵促进有益微生物生长,将堆肥中的物质转化为易被双孢蘑菇菌丝吸收和利用的物质,而对其他竞争性微生物不利的选择性堆肥,提高双孢蘑菇的产量和品质。

(三)二次发酵过程及控制

1. 温度调节

堆肥装床后,要调节堆肥温度,使菇床间温度达到平衡,可通过培养室内空气的循环流动来调节堆肥的温度,温度调节时间为 1~2 天。

2. 巴氏消毒

堆肥铺料后的第二天,菇房温度接近 40℃~45℃时,通入蒸汽,尽快把室温上升到 57℃(此时堆肥中有的部分温度会升至 60℃~62℃),保持 6~8 小时,利用 60℃的高温杀死对双孢蘑菇有害的生物,但料温不要超过 62℃,料温高于 62℃时停止通蒸汽加热,通风降温。杀菌结束后,要立即用最大的通风量,按每小时降低 1℃的比例把料温降下来,使堆肥的中心温度冷却到 55℃,但不要把温度降到 55℃以下,在这个过程中完成有害生物的杀灭工作。

3. 发酵

巴氏消毒结束后,这时堆肥中心部位的温度为55℃,室温保持在40℃~45℃,堆肥应按一天降1℃的速度降到52℃,使菇床中心的温度为52℃,堆肥整体的平均温度保持在46℃~53℃的范围内,室温保持在40℃~45℃,维持堆肥温度,创造双孢蘑菇堆肥发酵有益微生物大量繁殖的温度条件,从降温开始的发酵时间为7~10天。在发酵过程中可通入少量的蒸汽,以保持适宜的温度和空气相对湿度。温度的控制要注意保持堆肥的中心温度为50℃~52℃,为便于测定料温,最好使用温度传感器,把温度探头插入料中央,以检查堆肥温度,同时在室内空间也放温度计以检查室温,把温度计的显示表挂在室外,在室外进行观察。一个栽培面积200 m²的菇房使用5个温度传感器探头,1个测室温,4个测料温,每30分钟测一次,发酵结束时适宜的温度是料中心温度为50℃~52℃,料表面温度为45℃。

4. 冷却

二次发酵结束后,迅速打开所有门窗,通入新鲜空气,在12小时之内把温度降至30℃以下,并立即进行整床播种,防止发酵好的堆肥再污染。

5. 二次发酵后优质堆肥标准

堆肥颜色灰色(下霜状);秸秆纤维柔软、有一点抗拉力;堆肥的表面和内部都有白色的有益真菌和放线菌的菌落,堆肥手感不污手,完全没有黏性,有弹性;紧握堆肥不滴水,含水量65%~68%;无氨味,有甜和新鲜的香味;含氮量2%~2.4%,C/N16~17,含氨量在0.04以下,pH值6.8~7.4。

六、播种及管理

(一)菌种质量

选择无杂菌、无病虫、菌丝洁白、菌丝生长旺盛,上下均匀不萎缩、不退化、不吐黄水,绒毛菌丝多、菌丝健壮、蘑菇香味浓,长满瓶后 10 天左右的菌种。菌种质量应符合《全国食用菌菌种暂行管理办法》的要求。

(二)堆肥铺床

发酵结束后进行大通风,把培堆肥温度和室温降至 28℃以下,及时将床架上的堆肥 pH 值调到 7~7.5,均匀地铺到各层床架上,铺成龟背形,厚度 20~25 cm,堆肥含水量调到 63%~68%,菇房打扫干净。

(三)播种

1. 菌种消毒

播种前一天对菌种瓶(袋)用 3%~5%的高锰酸钾溶液浸泡(防止溶液进入瓶内),瓶口棉塞蘸 DDV 熏杀 12 小时。

2. 播种量

每平方米用种量为麦粒菌种 1.5 瓶(500ml 容量瓶)。

3. 播种

料温降到 25℃时及时播种,播种时先播 2/3 的菌种,然后翻动堆肥,让菌种和堆肥混合,另 1/3 的菌种撒在表面用木板轻轻拍平。播种后在料面盖一层干净的地膜,防止床面风干和杂菌、虫卵掉入;堆肥表面菌丝均匀萌发后,及时揭去地膜。

七、发菌管理

(一)温度

保持菇床温度 25℃~27℃。

（二）湿度

前期保湿发菌(约 7 天)，空气相对湿度 85%~90%，促进菌种萌发，并注意通风换气，防止菌种发霉。

（三）通风

中期通风发菌，菌丝封面后要逐渐加大通风量，适度吹干料面，促进菌丝吃料，防止料面发霉。后期打孔发菌，当堆肥比较厚时，播种 10 余天后，菌丝吃料达料厚的一半时可用小木棍(削尖)在料面打孔，促使菌丝吃料。

八、覆土（以 100 m² 覆土面积计算）

（一）选土

双孢蘑菇的覆土应选用远离菇房、没有污染的壤土。敲碎，除去石头、杂草等杂质。要符合 GB 15618 中对二级标准值的规定。

（二）制土

按 100 m² 菌床取土 3000 kg，取土后先暴晒至发白，每立方米干土用 5%甲醛溶液 10kg 喷洒，用塑料薄膜覆盖消毒两天，杀死土壤中病虫。打开通风后，拌入 1%~2%的石灰粉，堆成火山口形，顶部灌水至堆有水渗出，堆沤 5~7 天，使用时土壤含水量达到手握能团、手松能散开。

（三）覆土时间

菌丝长透堆肥后开始覆土。

（四）覆土方法

覆土前 1~2 天将料面整平，堆肥表面太干的，用营养液喷湿，待料面稍干爽时再进行覆土。将预制好的土壤含水量达到手握能团、手松能散开的土均匀盖于料面，厚约 2~3 cm，空隙要补平，严防调水时水漏到料面。

九、覆土后管理

（一）调水

覆土后通风半天后进行调水。调水应勤喷、轻喷，分 2~3 天调完，喷到使土粒的含水量达 20%~22%（土表发亮，手握发黏，没有白心）。

（二）调水后的管理

1. 通风

调水后菇房加大通风 5~10 小时，吹干土表面的水珠，形成"外干内湿"。

2. 保湿促菌丝爬土

尽量减少菇房通风，保持菇房温度 21℃~23℃，湿度 80%，促使菌丝爬土，并吃透土粒。

3. 补土

当菌丝普遍长到土层表面时进行补土，一般补土 2~3 次，使覆土厚度达到 3~4 cm。

4. 子实体原基诱导管理

把菇房的温度降至 15℃~17℃，菇床温降至 18℃~19℃，二氧化碳浓度为 0.04%~0.08%。

十、秋菇管理

（一）温度管理

把室温控制在 14℃~16℃之间，床温控制在 19℃以下。

（二）水分管理

1. 喷结菇水

当菌丝在覆土层长够，有少量线状菌丝形成时喷结菇水。用水量在 2.25 kg/m²~3.5 kg/m²，1~2 天内分 4 次喷完，使土粒含水量恢复到 20%~22%（土粒喷水隔夜后仍呈亮晶晶的状态)。

2. 喷出菇水

当原基普遍形成,并大部分发育到黄豆般大小时喷出菇水。用水量在 2.7 kg/m²~3.6 kg/m²,1~2 天内分 4 次喷完(使土粒发黏但不变形)。每潮菇结束后当天(后期推迟)喷转潮水。

3. 通风管理

出菇期间菇房内应以保湿为主,适当通风换气,保持空气新鲜,二氧化碳浓度必须保持在 0.06%~0.08% 以下,促进子实体健康生长。通风时将地窗和天窗全天打开,雨天全通风,气温高于 22℃ 以上时下午 5 时到第二天早上 9 时通风;气温低于 12℃ 以下时中午通风;大风天气开背风窗,喷水前后大通风;菇蕾长到 1.5~2 cm 时减少通风。

十一、采收

菌盖长至 3~4 cm,菌膜尚未胀破时采收。采菇时用大拇指、食指、中指合拢轻捏菇盖旋转出,不要带动过多的覆土。鲜菇要轻拿轻放,用小刀削去菇柄基部,及时分级销售与加工。

十二、菌丝越冬和春菇管理

在当年生长周期没有结束的,需要经过越冬。

(一)菌丝越冬管理

在气温低于 5℃ 时,进入越冬管理:降低覆土和堆肥的湿度,封闭门窗保温。

(二)春菇管理

当 4 月份气温回升,树叶发芽时,进入春菇管理:松动覆土和堆肥,拣去死菇和老菌索,先把地面、墙壁、床架喷湿,再逐步把覆土调湿,然后关闭门窗保温保湿,当土表菌丝发白时,覆一层薄细土,然后加强通风进行出菇管理,春菇菌丝较弱,喷水不能过重,注意病虫害防治。

十三、病虫害防治

(一)防治原则

坚持预防为主、综合防治的原则,防治措施贯穿于蘑菇栽培的各个环节之中。药剂防治贯彻执行 GB 4285 和 GB/T 8321 的规定。

(二)预防措施

①进出菇房的空气要经过空气过滤器过滤,菇房的门应适当关闭,菇房需要有一定的正压。②菇房进出的门口放合成塑料泡沫做的垫子,每天早上把垫子用 2%的福尔马林溶液喷湿。③每天清洁工作通道,定期用 2%的福尔马林溶液消毒。④检查菇房内及周围空间有无鼠类、蝇类和螨类等有害动物。⑤在播种、覆土、菇床平整和采菇时,都要注意手、工具和工作服的清洁。⑥当机械和其他设备从一个房间转到另一个房间进行播种、覆土、采菇等操作时,应该先用 2%的福尔马林溶液消毒。⑦检查时应从最后一个房间开始依次检查,尽可能限制从一个房间走到另一个房间。⑧不要把播种和装料时散落的堆肥再装入菇床,应将它从菇房内清除出去。⑨在覆土之前用 2%的福尔马林溶液消毒菇房和地板。⑩把消过毒,用来给菇床补土的覆土装入密闭的塑料袋中。⑪从播种到第一潮菇期间,要注意菇蝇的防治,防止它们携带孢子、线虫和螨类从一个菇房到另一个菇房。⑫子实体应在开伞前采收,尽可能少摘开伞的蘑菇,抑制受病毒感染的蘑菇孢子的散布。⑬用具要消毒。⑭采菇时把废物收集到密闭袋或密闭的容器中。⑮尽快地从双孢蘑菇栽培场移走废物和用过

的堆肥。⑯在菇潮之间将菇床上的废物捡干净,以减少感染病害的危险。⑰缩短发生病虫害严重的菇房的出菇期,菇房提早进行蒸汽消毒。⑱生长周期结束时,把蒸汽通入菇房,使菇房温度达到 70℃,保持 12 小时。⑲栽培场周围的植被要低矮些,要开阔,不积水,废水要排入封闭的沟内。⑳尽可能把栽培场的二次发酵室、发菌室和出菇房分隔开来。㉑选用没有有害生物污染的菌种。㉒覆土要用甲醛或 60℃蒸汽消毒 3 小时以上。㉓堆肥的巴氏消毒,温度 60℃保持 6~12 小时。㉔菇房在一个生产周期结束后,在清出废菌料前,通入热蒸汽,温度 70℃保持 12 小时。㉕用 3 W 黑光灯诱杀成虫。㉖用捕蝇纸捕捉蝇类。

（三）化学药品的应用

使用化学药品来防治双孢蘑菇的病虫害,目的是杀死有害生物或抑制其繁殖,但不会对双孢蘑菇和栽培者有害。

使用化学药品应注意:①保持正确的浓度。②喷药时要戴防毒面具,不要喷到眼睛和口中。③子实体采收前和采收中,要注意农药残留。④喷药后,要用肥皂洗手和洗脸。⑤使用的化学药品要符合无公害生产的规定。⑥不到万不得已不使用化学药品防治。

参考文献

［1］林占熺. 菌草学. 北京：中国农业科学技术出版社，2004

［2］孔祥君，王泽生. 中国蘑菇生产. 北京：中国农业出版社，2000

［3］（荷）P.J.C. 维德. 现代蘑菇栽培学. 北京：轻工业出版社，1984

［4］（日）桥本一哉. 蘑菇栽培法. 北京：中国农业出版社，1994

［5］张绍升等. 食用菌病虫害诊治图谱. 福州：福建科学技术出版社，2004

［6］宋金俤. 食用菌病虫害彩色图谱. 南京：江苏科学技术出版社，2004

［7］黄国勇. 菌草栽培蘑菇技术. 北京：中国农业科学技术出版社，2005

后 记

　　1997 年,福建省、宁夏回族自治区对口扶贫协作第二次联席会议,把菌草技术列为闽宁两省区对口帮扶协作项目,2001 年福建省把菌草技术列为智力援疆项目, 由福建农林大学选派专家和技术人员负责项目实施的技术工作, 在当地推广菌草技术。经过十几年的发展,菌草技术推广应用到了宁夏银川、固原、中卫、吴忠、石嘴山五市的 13 个县(市、区)和新疆昌吉回族自治州的各县(市),取得了显著的社会、经济、生态效益,由福建农林大学菌草研究所和宁夏回族自治区扶贫办共同主持的 "宁夏发展菌草产业关键技术的研究和应用"课题,获得 2008 年度宁夏回族自治区政府科技进步二等奖。菌草栽培双孢蘑菇技术辐射甘肃、青海、内蒙古等省区,菌草生产已成为宁夏和新疆昌吉回族自治州的特色产业。由于我国西北地区地理气候条件和栽培原料的独特性, 西北地区双孢蘑菇栽培比在我国南方双孢蘑菇主产区栽培更难。笔者在宁夏、新疆、甘肃等省区推广菌草栽培双孢蘑菇生产技术时, 就常常遇到在南方双孢蘑菇栽培中从没有出现过的问题。为解决当地菌草栽培双孢蘑菇的技术管理难题,十几年来,笔者和同事们针对西北地区的气候、资源等实际情况,开展了系列试验示范工作,积累了比较丰富的经验。为了能够发展宁夏等西北地区双孢蘑菇生产,提高菌草栽培双孢蘑菇的生产技术水平,笔者几年前就萌发编写一本适合在宁夏等西北地区应用的双孢蘑菇栽培技术书籍,但一直未能成书出版。正值闽宁互学互助对口协作第十五次联席会议在宁夏召开之际,在宁夏回族自治区扶贫办领导的支持下,终于实现了笔者多年的夙愿。笔者通过总结十几年来在宁夏等西北地区推广菌草栽培双孢蘑菇的技术和实践经验,在参考国内外蘑菇栽培技术的有关资料的基础上,编写成这本《西北菌草栽培双孢蘑菇理论与实践》,作为闽宁协作的一项成果,贡献给宁夏人民。本书力求在蘑菇栽培理论与当地气候资源条件相结合方面有所突破,突出总结在当地独特的地理气候条件下的栽培管理技术经验。希望本书能够为宁夏等西北地区双孢蘑菇生产技术人员、生产者提供有益的帮助。

本书的出版得到了宁夏回族自治区扶贫办、福建农林大学菌草研究所的支持,在编写过程中得到了菌草技术发明人、福建农林大学菌草研究所所长林占熺及同事们的帮助和支持,在此一并谨致感谢。

由于西北地区地理气候比较复杂,蘑菇的生物学特性还有许多不为我们所知,作者的水平有限,书中如有不妥之处,恳请读者批评指正。

非常感谢宁夏回族自治区人大常委会副主任马瑞文、国际蕈菌生物技术服务中心主任张树庭教授在百忙中为本书题词,宁夏回族自治区扶贫办原主任、现民政厅厅长杜正彬为本书作序！感谢十届宁夏回族自治区人大常委会委员李文录、宁夏回族自治区扶贫办主任董玲及宁夏万泰实业有限公司董事长黄端贵先生的关心和支持！

黄国勇

2011 年 6 月 18 日